陶海军 著

海洋电磁发射机
可控源电路
及其控制

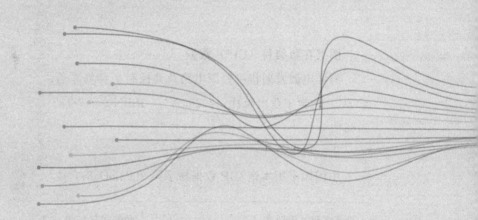

化学工业出版社

·北京·

内容简介

本书对海洋电磁发射机移相软开关可控源电路、ZVZCS可控源电路、三电平可控源电路以及组合可控源电路进行了深入的理论和应用研究，分析了各种可控源电路的拓扑结构、工作原理、数学建模、控制系统设计、特性分析、元器件参数计算和选型等。根据以上理论作者研制出 200A 海洋电磁发射机样机，并对其进行了出海试验验证。

本书可作为地球物理勘探、电气工程领域的工程技术人员及普通高等院校教师和研究生的参考书。

图书在版编目（CIP）数据

海洋电磁发射机可控源电路及其控制／陶海军著．
北京 ：化学工业出版社，2025.2． -- ISBN 978-7-122
-46842-0

Ⅰ．TN839

中国国家版本馆 CIP 数据核字第 2024DD3877 号

责任编辑：潘新文　　　　　　　　装帧设计：关　飞
责任校对：宋　玮

出版发行：化学工业出版社
　　　　　（北京市东城区青年湖南街 13 号　邮政编码 100011）
印　　装：大厂回族自治县聚鑫印刷有限责任公司
787mm×1092mm　1/16　印张 12¼　字数 215 千字
2025 年 3 月北京第 1 版第 1 次印刷

购书咨询：010-64518888　　　　　　售后服务：010-64518899
网　　址：http://www.cip.com.cn
凡购买本书，如有缺损质量问题，本社销售中心负责调换。

定　　价：89.00 元

前言

随着人类对化石燃料消费不断增多，全球能源危机日趋明显，探测和开发海洋能源资源具有可持续发展的深远战略意义。海洋可控源电磁探测法是目前进行海洋能源资源调查的有效手段。海洋电磁发射机是海洋电磁探测系统的硬件基础，本书对海洋电磁发射机可控源电路进行了深入的理论和应用研究，涉及电路结构、工作过程分析、数学建模、特性分析、控制策略、系统设计、参数设计等方面。

本书通过分析双极性硬开关电路的工作过程和数学建模，结合负载电流和输入电压对移相软开关电路的影响，建立了海洋电磁发射机移相软开关可控源电路的数学模型，并在此基础上设计出了双闭环控制系统；针对移相软开关可控源电路存在环流能量大、效率低、占空比丢失严重等问题，本书提出了一种 ZVZCS 可控源电路，在变压器原边增加了一个饱和电感和一个隔直电容；针对前级 Boost 功率因数校正会导致直流输入电压升高，两电平可控源电路不能满足要求的问题，提出了一种改进型的三电平可控源电路，在变压器副边增加了一个换流电感；采用高压输电可降低传输过程中产生的损耗，但同时也导致可控源电路的输入直流电压升高（数千伏），为此笔者提出了一种共同占空比控制的输入串联输出并联的组合可控源电路，该可控源电路组成单元为 ZVZCS 可控源电路，通过相关仿真与实验，验证了理论分析的正确性及控制方案的有效性。

本书在撰写过程中引用了国内外相关专家学者的著作、论文等文献，在此一并表示衷心的感谢！本书得到河南省英才计划——中原教学名师项目（ZYYCYU202012088）资助，在此表示诚挚谢意！

本书可作为地球物理勘探、电气工程领域的工程技术人员及普通高等院校教师和研究生的参考书。

限于笔者水平和撰写时间，书中难免有疏漏和不妥之处，恳切希望广大读者批评指正。

陶海军

2024 年 10 月

目录

第1章
概　述　　　　　　　　　　　　　　　　　　　/ 001

1.1　海洋电磁勘探技术研究意义　　　　　　　　　　/ 003

1.2　海洋电磁勘探技术发展　　　　　　　　　　　　/ 005

1.3　海洋电磁发射机电路研究　　　　　　　　　　　/ 006

1.4　大功率 DC/DC 变换器　　　　　　　　　　　　/ 009

　　1.4.1　电路拓扑结构　　　　　　　　　　　　　/ 009

　　1.4.2　建模方法　　　　　　　　　　　　　　　/ 012

　　1.4.3　控制策略　　　　　　　　　　　　　　　/ 014

1.5　研究的关键问题　　　　　　　　　　　　　　　/ 015

1.6　本章小结　　　　　　　　　　　　　　　　　　/ 015

第2章
海洋电磁发射机 DC/DC 可控源电路　　　　　　　/ 017

2.1　DC/DC 可控源电路及其控制方式　　　　　　　/ 019

　　2.1.1　电路拓扑结构　　　　　　　　　　　　　/ 019

　　2.1.2　控制方式　　　　　　　　　　　　　　　/ 020

2.2　移相软开关 DC/DC 可控源工作过程分析　　　　/ 023

2.3　移相软开关 DC/DC 可控源电路建模　　　　　　/ 028

　　2.3.1　双极性硬开关 DC/DC 可控源电路建模　　/ 029

　　2.3.2　移相软开关 DC/DC 可控源电路建模　　　/ 032

2.4　数字控制系统设计　　　　　　　　　　　　　　/ 037

　　2.4.1　双闭环控制系统工作原理　　　　　　　　/ 037

　　2.4.2　电流控制器的设计　　　　　　　　　　　/ 037

2.4.3　求取电压控制器的控制对象　　　　　　／ 041

2.4.4　电压控制器的设计　　　　　　　　　　／ 042

2.5　电路特性　　　　　　　　　　　　　　　　／ 044

2.5.1　振铃现象　　　　　　　　　　　　　　／ 044

2.5.2　占空比丢失　　　　　　　　　　　　　／ 047

2.5.3　整流二极管换流　　　　　　　　　　　／ 048

2.5.4　软开关条件　　　　　　　　　　　　　／ 049

2.6　实验　　　　　　　　　　　　　　　　　　／ 052

2.7　本章小结　　　　　　　　　　　　　　　　／ 056

第 3 章

ZVZCS DC/DC 可控源电路　　　　　　　　　　／ 059

3.1　ZVZCS DC/DC 可控源电路工作过程　　　　／ 061

3.1.1　电路拓扑结构　　　　　　　　　　　　／ 061

3.1.2　工作过程分析　　　　　　　　　　　　／ 062

3.2　ZVZCS 可控源电路小信号建模　　　　　　／ 065

3.2.1　占空比丢失　　　　　　　　　　　　　／ 066

3.2.2　输入电压变化对占空比影响　　　　　　／ 067

3.2.3　小信号模型　　　　　　　　　　　　　／ 068

3.3　电路特性分析　　　　　　　　　　　　　　／ 072

3.3.1　最大控制占空比　　　　　　　　　　　／ 072

3.3.2　原边电流复位和隔直电容　　　　　　　／ 073

3.3.3　占空比丢失　　　　　　　　　　　　　／ 073

3.3.4　开关损耗　　　　　　　　　　　　　　／ 074

3.3.5　环流能量　　　　　　　　　　　　　　／ 075

3.4　仿真与实验　　　　　　　　　　　　　　　／ 076

3.4.1　饱和电感的设计与仿真　　　　　　　　／ 076

3.4.2　电路仿真　　　　　　　　　　　　　　／ 078

3.4.3　实验　　　　　　　　　　　　　　　　／ 081

3.5　本章小结　　　　　　　　　　　　　　　　／ 085

第 4 章

三电平 DC/DC 可控源电路　　　　　　　　　　／ 087

4.1 功率因数校正 / 089

4.2 三电平桥式 DC/DC 变换电路 / 091

  4.2.1 半桥三电平电路 / 091

  4.2.2 复合式全桥三电平电路 / 092

  4.2.3 全桥三电平电路 / 092

4.3 三电平 DC/DC 可控源电路拓扑分析 / 093

  4.3.1 电路拓扑结构 / 093

  4.3.2 工作过程分析 / 094

4.4 电路特性 / 101

  4.4.1 飞跨电容和续流二极管的作用 / 101

  4.4.2 软开关的实现 / 103

  4.4.3 占空比丢失 / 104

4.5 器件的选取 / 104

  4.5.1 飞跨电容的选取 / 104

  4.5.2 并联电容的选取 / 105

  4.5.3 换流电感的选取 / 106

4.6 仿真和实验 / 107

  4.6.1 仿真 / 107

  4.6.2 实验 / 111

4.7 本章小结 / 114

第 5 章
组合可控源 DC-DC 电路 / 117

5.1 组合直流变换器 / 119

  5.1.1 直流变换器组合方式 / 119

  5.1.2 ISOP 组合电路的控制策略 / 121

5.2 组合可控源电路及工作过程 / 125

  5.2.1 组合可控源电路 / 126

  5.2.2 电路工作过程 / 126

5.3 ZVZCS 电路小信号建模 / 131

  5.3.1 占空比丢失 / 132

  5.3.2 输入电压对占空比影响 / 133

  5.3.3 小信号模型 / 134

5.4 共同占空比控制的电路均压特性 / 134

   5.4.1 静态下的均压特性分析 / 134

   5.4.2 动态下的均压特性分析 / 136

5.5 仿真与实验 / 139

   5.5.1 仿真 / 139

   5.5.2 实验 / 142

5.6 本章小结 / 143

第6章
级联 H 桥可控源整流电路

/ 145

6.1 电磁发射机可控源整流电路分析 / 147

6.2 CHBR 有源功率解耦可控源整流电路 / 148

6.3 CHBR 有源功率解耦电路控制策略 / 150

   6.3.1 基于线性自抗扰控制的系统控制策略 / 150

   6.3.2 LADRC 控制器设计 / 152

6.4 仿真 / 154

6.5 本章小结 / 158

第7章
样机试验

/ 159

7.1 海洋电磁发射机电路结构 / 161

7.2 参数计算及元器件选取 / 162

   7.2.1 工频整流桥的选择 / 162

   7.2.2 输入滤波电容的选择 / 162

   7.2.3 H1 桥开关管 / 162

   7.2.4 高频变压器 / 163

   7.2.5 高频整流二极管 / 164

   7.2.6 低通 LC 滤波 / 164

   7.2.7 H2 桥开关管 / 165

7.3 控制电路设计 / 165

   7.3.1 控制器 / 165

   7.3.2 数据采集电路计 / 166

7.4　热损耗仿真　　　　　　　　　　　　　　/ 169

7.5　发射机运行程序　　　　　　　　　　　　/ 171

7.6　上位机监控　　　　　　　　　　　　　　/ 172

7.7　试验结果　　　　　　　　　　　　　　　/ 173

7.8　本章小结　　　　　　　　　　　　　　　/ 178

参考文献　　　　　　　　　　　　　　　　**/ 179**

第1章 >>>

概　述

　　随着陆地资源的开发利用日趋极限及陆地生存环境的日益恶化，开发和利用海洋能源资源有助于解决人类社会生产、生存及发展问题。海洋可控源电磁探测法（Marine Controlled Source Electromagnetic，MCSEM）是目前进行海洋能源资源调查的有效手段。海洋可控源电磁发射机是海洋可控源电磁探测设备的重要组成部分，可控源电路作为海洋电磁发射机的核心，为海洋电磁探测系统提供人工激励电磁场源，是整个海洋可控源电磁探测研究中的重要环节。本章结合作者所研究课题的背景、发展现状、解决的关键问题及主要研究内容展开论述。

1.1 海洋电磁勘探技术研究意义

进入 21 世纪，科学技术的进步促进了生产的飞速发展，人类取得了辉煌的成就，但也暴露出严重的问题：陆地可供能源资源的逐渐枯竭及生存环境的恶化。我国人口众多，在能源资源方面面临的形势更加严峻[1]。海洋蕴藏着十分丰富的矿产资源，其中大陆架可采石油储量达 2500 亿吨，约为陆地储量的 3 倍，估测海底天然气储量为目前已探明天然气的百倍以上[2,3]；海底蕴藏丰富的多铁锰结壳和金属结核，其含有猛、铁、钴、铜、锌、镍等几十种金属元素，加上海底地下卤水、各种热液矿床，各种金属总储量达万亿吨以上，可供给人类使用数千年[4,5]。

我国是一个拥有 3.2 万千米海岸线、473 万平方千米海域的大国，认识海底地质结构关系到国家安全和未来战略资源[6]。国家制定了海洋技术领域 863 计划，组织相关部门进行海洋探测工作，成立了中国大洋矿产资源研究开发协会，向联合国海底筹委会申请批准了 15 万平方千米的大洋开辟区，并在开辟区内进行了多航次勘查，初步查明多金属结核资源储量达 9 亿吨[7]。目前我国海区内已发现的含油气构造有一百多个，探明的石油资源储量 600 多亿吨，现在已经投产的油气田 25 个以上，海上石油年产量可达 2000 万吨，天然气年产量超过 200 亿立方米，仅山东龙口矿区一处海底煤田地质储量就达 10 亿吨以上。查明锆石、钛铁矿、独居石、金红石、磷钇矿、金刚石、砂金、石英砂等 20 余个矿种的滨海砂矿超过 190 个，总储量达 16 亿吨[8]。因此，加大海洋资源开发力度，把我国建设成海洋强国，具有可持续发展的深远战略意义。

开发利用海洋资源，必须首先探测海洋地质结构，查明资源的分布情形和储存状态。探测海洋尤其是探测海底深部，由于海水阻碍影响，不易使用陆地上常用的直接地质探测方法，即使借助于深潜水设备，探测的广度和深度也很有限，必须采用地球物理勘探方法[9]。

海洋电磁法是目前常用的海洋地球物理勘探方法之一，特别适用于其他方法不易分辨而电磁方法拥有优势的地质目标，如碳酸盐礁脉、火山岩覆盖区、海底永冻土等[10,11]。电磁方法适用面广，勘探覆盖范围大，深到若干千米以下的地质结构，浅到几米深的海底沉积物，都在电磁法勘探的深度范围内[18]。不同空间、不同成因、不同波段的电磁场均可利用，从而又形成许多分支方法，如大地电磁法[12]、自然电位法[13]、可控源电磁法[14]、激发极化法[15]等，可控源电磁法又分为时域（瞬变）电磁法[16]、频域电磁法[17]。海洋电磁法适用性较广，既适合勘查油气矿产和固体矿产，又适合探测海洋地壳深部构造。

目前我国海洋地球物理探测装备几乎全部依赖于进口，而一些国家在重要的海洋电磁探测设备方面对我国实施禁运，因此发展具有我国自主知识产权的海洋地球物理探测系统，成为我国进行深水油气勘探及海洋地质调查等亟需解决的任务。

近年来世界范围深水油气产量快速增长，深水油气勘探成为油气勘探的一个重要的发展点。由于深水勘探环境、深水盆地及新生代残留盆地等深部结构的复杂性，海洋油气勘探具有一定的高风险性[19]。目前海洋地球物理探测以地震勘探法为主，重力、磁力勘探法为辅。但在海底火山岩覆盖的碳酸盐岩、珊瑚礁等分布区，采用海洋地震勘探较困难，同时，单一方法的多解性会带来一定的勘探风险，因此需要采用其他更有效的勘探方法[20]。

海洋可控源电磁勘探作为一种油气勘探新技术，具有能够区分圈闭内油水性质、揭露火山岩覆盖下的"高阻体"的特点，尤其是在深水油气资源潜在区，可以大幅提高钻井成功率，降低钻井开发中的"干井率"和投资风险[18]。

被动大陆边缘如何从非稳态的初始张裂阶段发展到稳态的海底扩张阶段，是国际大陆边缘计划和综合大洋钻探计划的优先研究领域；主动大陆边缘如何因板块俯冲导致弧后扩张系统的形成，是国际洋中脊研究计划的优先研究方向[21]。我国南海区域保留了大陆边缘共轭张裂到海盆扩张的丰富信息，是研究大陆边缘初始张裂过程的关键地区；东海具有正在活动的典型的沟—弧—盆系，是研究弧后扩张系统动力学的理想场所[22]。在进行以上研究的过程中，海洋可控源电磁勘探是进行地壳结构与油气盆地之间相互关系研究的十分有效的探测手段，也已成为目前进行海底地壳内部结构和地球动力学研究的新的发展方向。

海洋资源具有重要战略意义，在进行海洋调查方面，海洋可控源电磁勘探是一种十分有效的技术，可以在维护我国海洋主权方面发挥重要作用，具有重大战略意义。

工欲善其事，必先利其器。海洋电磁探测技术的发展取决于探测仪器设备。采用海洋可控源电磁探测系统，可将海洋电磁发射机拖曳至近海底，通过发射偶极向海底发射大功率电磁波，由布设在海底的静止混场源电磁接收机采集感应场源信号[24]，将发射和接收数据经过一定的处理和反演计算，就可分析出海底以下介质的导电性结构特征[25]。

海洋可控源电磁发射机是海洋可控源电磁探测设备的重要组成部分，其作为海洋可控源电磁探测方法的硬件基础之一，是可控源电磁场的人工激励电磁场源，也是整个海洋可控源电磁探测研究中的重要环节[26,27]。通过海洋可控源电磁探测系统的研制与海试，将国际上先进的海洋可控源电磁探测技术应用于我国天然气水合物的调查与评价，为以后的勘察与试采提供技术支撑，同时摸索并掌握核心技术，为以后进一步的改进提供宝贵的经验和技术积累，对提高我国海洋电磁探测装备的国际竞争力具有十分重要的意义。

1.2 海洋电磁勘探技术发展

传统的海洋勘探方法有地震法、重力法、磁法等。受到制作工艺和技术的限制，早期的电子器件不可能检测到微伏级的微弱场源信号，也就没有办法采集来自海底的地电场源，于是人们认为电磁波无法穿透海水，所以当时高精度的探测设备研究遇到了瓶颈。另外，在海洋勘探中，利用地震法、重力法、磁法等可以在海面上进行测量，采用电磁方法需将测量仪器沉放于海底，需设置陆上远参考站；在对采集数据的处理方面，用电磁法对海洋勘探需考虑海水层的影响，其反演运算与陆地勘探差别很大[28]。

20世纪初，法国的 Schlumberger 兄弟为了查明海床结构，采用直流电法完成了水上电阻率测量。从20世纪70年代开始，欧美国家对海底大地电磁探测技术与仪器进行研究。目前主要有美国 Scripps 海洋研究所（SIO）、德国 Leibniz 海洋科学研究所（IFM-GEOMAR）、英国海底设备协会（OCIB）、日本 TIERRA 公司等具备海底电磁勘探设备的研制能力[29,30]。其中 SIO 已有54台低频电磁场仪应用于生产与科研，OCIB 拥有14套 LC2000-EM 海洋电磁仪。

人工源海洋电磁技术的工业试验始于20世纪80年代末期，ExxonMobil 和 Statoil 将海洋电磁技术用于水深达1000m 的海洋油气勘查，取得了实质性的应用成果[31]；美国 Scripps 研究中心研发了 SUESI 100 和 SUESI 500 型海洋电磁发射机。21世纪初，挪威 EMGS 公司和美国 WesternGeco 公司联合研制了用于商业勘探的海洋电磁发射系统，英国 OHM 公司和 Southampton 海洋研究院也合作开发了 DASI 系列海洋电磁发射系统[32]。目前 EMGS 公司目前已经进行五百多次的海洋 CSEM 商业勘探项目，拖曳发射机里程超过7万千米，完成了两万多次接收机部署，全球四十多家石油天然气公司使用了 EMGS 公司的服务。

采用海洋可控源电磁法（MCSEM）的发射系统具有良好的勘探效果。海洋可控源电磁法有助于确定人工地震方法勘探划定的构造储层中的成分，并且绝大部分结果得到了钻孔的验证,对资源的评价预测起到重要作用。在海洋勘探中,一些勘探服务公司和大型石油公司都把 MCSEM 作为最有效的手段,目前已经实施了二百多项海洋可控源电磁勘探,主要分布在巴西海域、墨西哥湾、西部非洲海域以及远东地区等[33]。

国内对海洋电磁探测系统的研究起步较晚。20 世纪 80 年代,吉林大学的林君、李桐林教授进行了辽河滩海地区大地电磁探测试验和数据分析。20 世纪 90 年代初,中南工业大学、长春科技大学、同济大学、浙江石油勘探处等单位曾开展过大地电磁法(MT)和时间域可控源电磁法(TEM)在滩海和湖区的试验研究工作。20 世纪 90 年代末,中国地质大学和广州海洋地质调查局开展了相关课题的研究,主要包括海底大地电磁探测技术和海底大地电磁探测与电磁成像技术等,取得了一定的理论研究和实用化成果,开创了我国海洋电磁探测研究的先河。同济大学在国家自然科学基金的支持下也开展了海洋电磁法的研究,采用陆地瞬变电磁仪和共轴水平磁偶极装置探测了海底电导率,并且获得了测点处的海底平均电导率。1994 年长春地质学院开始进行阵列式海洋大地电磁测深仪的研制,在 1997 年取得了海洋试验的成功。在此期间,北京矿产地质研究所的王庆乙教授等研制了 TEM-3S 时间域电磁探测系统,王庆乙教授和同济大学的王一新教授等人应用该仪器在浙江省舟山群岛的马迹山海湾进行了共轴水平磁偶极装置的海上试验[34]。在"十一五"期间,中国地质大学和广州海洋地质调查局又合作开展了天然气水合物的海底电磁探测技术课题研究,这次研究的重点放在了海洋可控源电磁探测方法上,取得了阶段性研究成果[34,35]。

目前国内海洋电磁理论、仪器、方法、技术仍处于起步阶段,研制的海洋电磁探测系统与国外先进水平相比,其发射功率低、工作深度浅,远不能满足石油工业实际勘探需求。近年来我国对海洋油气勘探的投入不断增加,海洋油气勘探逐渐由近海走向深水,在此形势下,国内科研工作者必须加快开展海洋地球物理综合勘探技术研究,特别是开展具有自主知识产权的海洋深水油气可控源电磁探测系统研究,为我国深水油气资源勘探开发提供技术支撑。

1.3 海洋电磁发射机电路研究

海洋可控源电磁探测系统主要由发射和接收两部分组成,发射部分包括船上柴油发电机、三相/单相供电电源、水下电磁发射机、偶极拖曳系统,接收部分为海底电磁信号接收站[36]。图 1-1 所示为海洋可控源电磁勘探工作方法示意图。

具体工作过程为：首先在预先设定好的坐标点投放电磁采集站，开始自动记录，然后轮船拖拽着水下电磁发射机按预先设定好的轨迹，以 3～5 节❶的速度匀速移动，连接在电磁发射机的偶极向海底连续激发不同频率的电磁波，为了提高采集数据的信噪比，轮船按设定轨迹再循环一次，当数据采集完成后，给电磁采集站发送信号，采集站自动释放配重，浮出水面，然后就可以进行下一排列或测线的勘探。

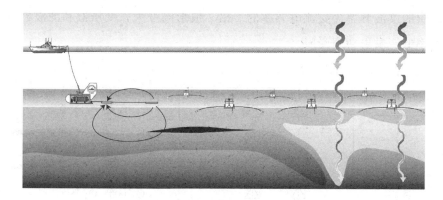

图 1-1 海洋可控源电磁勘探工作方法示意图

电磁发射机是海洋可控源电磁勘探系统的关键部件，负载向海底发射大功率电磁波，主要分为两部分，即船上部分和水下部分。船上部分供电电路如图 1-2 所示，由柴油发电机供电，经三相整流滤波后，进行逆变得到单相正弦交流电，经变压器 T2 升压，为水下拖体提供高压单相交流电。

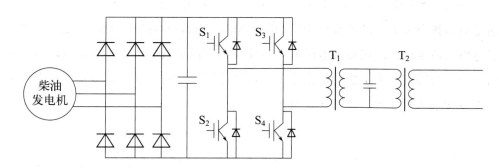

图 1-2 海洋发射机船上部分供电电路

水下部分主要由可控源电路、发射桥和发射偶极组成。可控源电路负责电能的变换，把拖缆输入的单相交流电变换成可控直流电，由发射桥生成时域或频率发射波，经发射偶极激发到海底。可控源电路根据电路结构和控制方式分为以下两种。

---

❶ 1 节 ＝ 1.852km/h

1. 相控整流式

相控整流式可控源电路如图 1-3 所示。船上的单相电源通过光电复合缆传输到水下拖体，在拖体内，单相交流电经过低频变压器降压，采用单相全控桥式整流电路整流滤波，得到低压直流电，然后由发射桥逆变产生频率可控的方波交流电，由发射偶极激发到海底。相控整流式可控源电路采用低频变压整流，直流母线电压中的纹波频率为交流电频率的 2 倍，波形畸变大，变压器和滤波器件体积大，效率低，发射功率受限[37,38]。

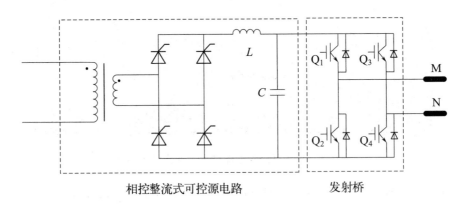

图 1-3 采用相控整流可控源电路的发射机电路

2. PWM 变换式

图 1-4 所示给出了 PWM 变换式 DC/DC 可控源电路。整流后单相交流电被逆变成高频交流电，经过高频变压器隔离降压，整流成可控的低压直流电，然后通过发射桥输出时域或频域电磁波。当输入电压或负载电流出现扰动时，电路输出也会受到影响，为了保持输出稳定，需设计闭环控制系统，调节逆变桥输出的方波脉冲电压的宽度以控制输出电压[39,40]。

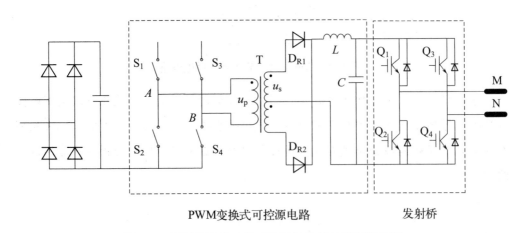

图 1-4 采用 PWM 变换式可控源电路的发射机电路

与相控整流式可控源电路相比，PWM 变换式看起来比较复杂，却具有以下独特优势：

1）主电路拓扑中的开关管工作在开通和关断两种状态，由于该状态导通压降或漏电流很小，所以电路效率很高（≥90%）。

2）高频变压器的作用主要是隔离以及实现大范围调压，其工作频率为数十千赫兹甚至更高，变压器体积大大减小。

3）控制精度高。相控整流式电路的控制周期为单相交流电周期的一半，而PWM 变换式电路的控制周期为一个开关周期，两者相差几十倍，PWM 变换式电路的控制性能明显改善。

4）由于工作频率高，滤波器的体积也大为减小，进而提高了发射机的功率密度[41,42]。

表 1-1 给出了两种可控源电路的技术性能指标比较。

表 1-1　两种可控源电路的技术性能对照表

名称	稳压精度	纹波系数	效率	功率因数	动态响应	可靠性	噪声
PWM 变换	≤±0.5%	≤0.05%	≥90%	≥0.9	好	高	低
相控整流	≤±1%	≤2%	≤75%	≤0.7	较差	低	高

1.4　大功率 DC/DC 变换器

为了实现大功率 DC/DC 变换器体积小、重量轻的目标，需要提高开关频率，但提高开关频率的同时，开关损耗随之增加，电路效率严重下降，电磁干扰也会增大。采用高频零电压和零电流软开关技术，可使电力电子器件开通和关断过程中电压和电流波形不重叠，从而减少了开关损耗和开关浪涌，提高了 DC/DC 变换器的效率。

高频软开关 DC/DC 变换器分为两类，一类是谐振变换器，包括串联谐振变换器、并联谐振变换器、串并联谐振变换器[43]，另一类是软开关 PWM 变换器，包括零电压（ZVS）、零电流（ZCS）和零转换（ZVT）PWM 变换器[44]。

1.4.1　电路拓扑结构

1. 谐振变换器

谐振变换器工作时，流过主电路开关器件的电流或者其两端电压按正弦或准正弦规律变化。如果在开关器件开通时，开关器件两端的电压为零，则开通损耗为零；如果在开关器件关断时，流过开关器件的电流为零，则关断损耗为零。图1-5、图1-6、图1-7给出了串联谐振、并联谐振和串并联谐振全桥变换器的电路拓扑结构。串联谐振电路中，谐振电感 L_r 和电容 C_r 与高频变压器原边绕组串联，接在全桥逆变的输出端[45]。并联谐振电路中 L_r 和 C_r 并联后接在全桥逆变的输出端，谐振电容 C_r 与高频变压器原边绕组并联[46]。将串联谐振支路和并联谐振支路组合，可以得到串并联谐振变换器，比如常见的 LLC 谐振变换器[47]。

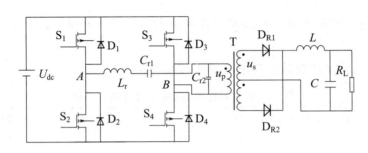

图1-5　全桥串联谐振电路

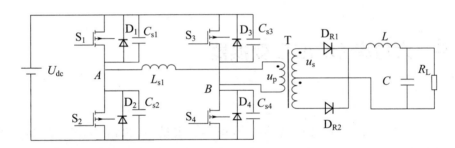

图1-6　全桥并联谐振电路

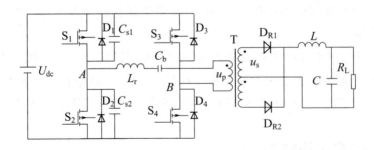

图1-7　全桥串并联谐振电路

谐振变换器的主要优点是器件开关损耗大大减小，同时回路中的电流波形接近正弦波，电磁干扰小。当输入电压及负载电流发生变化时，谐振变换器需要调节工作频率并进行控制。如果上述参数发生大范围变化，则会导致工作频率变化过大，造成相应的谐振元件、滤波电路等设计困难[48]。另外，由于电路中的工作波形接近正弦波，其峰值、有效值偏高，会造成较大的开关管电压应力和导通损耗[49]。根据上述分析，由于海洋电磁发射机 DC/DC 可控源电路功率较高，且负载电流变化范围较大，故不宜采用谐振变换器。

2. 软开关 PWM 变换器

PWM 变换器采用等幅不等宽且频率固定的脉冲调制技术，采用局部谐振方式实现零电压开通和零电流关断。谐振变换器是在整个周期内进行谐振，流过开关器件的电流或者其两端电压按正弦或准正弦规律变化，而 PWM 变换器在一个开关周期内仅在开通和关断过程进行准谐振，其他时间是按脉宽调制工作的。

图 1-8 给出了 ZVS 软开关 PWM 变换器，它的主要优点是：

- 恒频控制；
- 开关器件 ZVS 开通；
- 开关器件电流应力小。

缺点是：

- ZVS 与输入电压和负载变化有关，轻载时失去 ZVS 条件；
- 占空比丢失严重；
- 环流电流影响电路效率[50,51]。

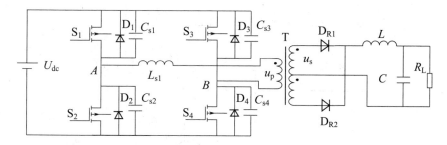

图 1-8　ZVS 软开关 PWM 变换器

图 1-9 给出了 ZCS 软开关 PWM 变换器，它的主要优点是：

- 恒频控制；
- 开关器件零电流关断；
- 开关器件承受电压应力较小。

缺点是：

- 谐振电感与开关器件串联，满足 ZVS 条件的输入电压、负载电流变化范围小；

● 开关器件承受电流应力较大[52,53]。

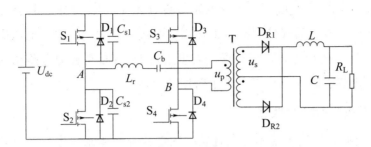

图 1-9 ZCS 软开关 PWM 变换器

图 1-10 给出了 ZVT 软开关 PWM 变换器，它的主要优点是：

● 恒频运行；

● 开关器件零电压开通；

● 开关器件电压、电流应力小，波形近似矩形波；

● 满足 ZVS 条件的输入直流电压和负载变化范围较宽。

缺点是：

● 辅助开关管不在软开关条件下运行；

● 不能利用变压器漏感[54,55]。

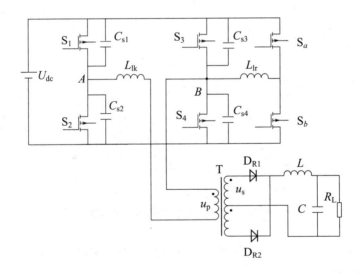

图 1-10 ZVT 软开关 PWM 变换器

1.4.2 建模方法

DC/DC 变换器的数学建模方法分两种，一种是数字仿真法[56]，另一种是解析法[57,58]，如图 1-11 所示。

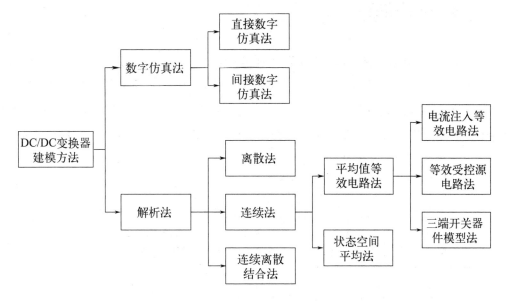

图 1-11　DC/DC 变换器建模方法分类

数字仿真法是利用数字计算机求得 DC/DC 变换器的一些特性数值解的方法；解析法是利用解析方法求得 DC/DC 变换器运行特性解析表达式。

数字仿真法分为直接数字仿真法[59]和间接数字仿真法[60]。直接数字仿真法是利用通用的电路分析程序对 DC/DC 变换器进行数字计算机仿真分析的方法；间接数字仿真法是在采用某种数值分析之前建立一个专用模型，然后进行求解。

解析法分为三种：连续法[61,62]，离散法[63,64]，连续离散结合法[65]。连续法是对单个开关周期中不同电路工作状态进行平均处理，得到一个用连续微分方程表示的等效电路；离散法是以某一变量在单个开关周期中特定时刻的值作为求解对象；把连续法和离散法结合起来便可得到连续离散结合法，该方法具有连续法的简单性和离散法的准确性。

连续法是目前应用最基本、最广泛的方法，分为两类，一类是平均值等效电路法[66]，一类是状态空间平均法[67]。平均值等效电路法是对 DC/DC 变换器中的非线性元件进行平均和线性化处理，得到一个简单的等效模型。平均值等效电路法又分为三端开关器件模型法[68,69]、等效受控源电路法[70]和电流注入等效电路法[71]。状态空间平均法是首先列写 DC/DC 变换器不同工作状态下的微分方程，经过平均→小信号扰动→线性化处理，推导出 DC/DC 变换器的小信号模型。

1.4.3 控制策略

DC/DC变换器的控制策略分为开环和闭环两种。为了使DC/DC变换器的输出电压自动稳定，不随输入电压和负载电流而变化，必须采用闭环控制方法，使功率开关器件的触发脉冲频率或宽度能自动调节，进而控制输出电压，使之保持不变。闭环反馈控制主要分为电压控制、电流控制和前馈控制，如图1-12所示。

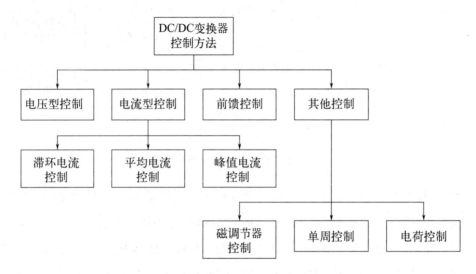

图1-12　DC/DC变换器控制方法分类

电压控制是检测电压信号并与参考值比较，比较结果经过电压控制器得到一个对应占空比，进而调节输出电压，属于一个单闭环负反馈控制，系统动态响应较慢[72,73]。

电流控制是一种双闭环控制，内环为电流环，外环为电压环。电流控制改善了系统的动态响应，由于电流控制器的限幅特性，容易实现多个DC/DC变换器并联。电流控制形式主要分为三类：平均电流控制[74]，峰值电流控制[75]，滞环电流控制[76]，见表1-2。

表1-2　电流控制的三种形式

控制形式	检测方式	工作状态	开关频率	噪声敏感性
平均电流控制	电感电流	任意	固定	不敏感
滞环电流控制	电感电流	连续	变化	敏感
峰值电流控制	开关管电流	连续	固定	敏感

前馈控制是对扰动量做近似补偿，以抵消扰动对系统输出的不利影响。前馈控制属于开环控制，一般与反馈闭环控制结合，改善系统性能[77]。

另外还有一些其他控制方法，如电荷控制[78,79]、单周控制[80]、磁调节器控制[81]、滑模控制[82]等。

1.5 研究的关键问题

1. 效率

海洋电磁发射机可控源电路安装在水下拖体内，拖体是一个密闭空间，外表面与海水接触，发射机电路产生的热量一部分通过筒壁散向大海，另外一部分形成热辐射，导致仓体内温度升高，严重时会影响发射机的安全工作时间。为使发射机长时间安全可靠工作，提高电路的效率是非常重要的。

2. 功率密度

发射机水下拖体是靠轮船拖动着不停地运动的，为了让海洋电磁接收机准确接收到电磁信号，拖体必须按规定轨迹运动，所以拖体的形状和体积有严格要求。而为了实现深部探测，发射电磁波功率必须足够大，所以在设计电路时，电路功率密度要高，并尽量减小元器件的尺寸，尤其是滤波电感、电容和变压器的尺寸。

3. 瞬态性

海洋电磁发射机向海底发射大功率的电磁波，布置在海底的接收机接收反射电磁波，根据反射电磁波的幅值和时间进行反演运算，得出海底地质结构的特性。精确的反演运算依赖于电磁波良好的瞬态性，即波形上升沿陡度要高，故要求所设计的系统具有快速的动态响应特性。

1.6 本章小结

海洋可控源电磁探测法是目前进行海洋能源资源调查的有效手段。本章首先介绍了海洋电磁勘探技术在探测海洋地质结构、开发海洋油气资源等方面的意义，然后介绍了海洋电磁勘探技术的发展现状，以及海洋电磁发射机拓扑结构、建模方法、控制策略设计等方面的研究现状，指出目前海洋电磁发射机研制方面所面临的技术问题，总结出研究的关键问题和本书主要研究内容。

第 2 章 >>>

海洋电磁发射机 DC/DC
可控源电路

为了适应负载特性和提高发射电磁波强度，海洋电磁发射机 DC/DC 可控源电路采用移相软开关全桥 DC/DC 变换器。为了获得发射电磁波的良好的瞬态和静态性能，需对 DC/DC 可控源电路进行闭环控制。而控制回路的设计与主电路的结构和参数紧密相关，因此，在进行控制系统设计之前，需建立电路的精确数学模型。移相软开关 DC/DC 可控源电路在一个开关周期内工作状态多，直接对其建模非常困难，为此作者在对双极性硬开关电路建模的基础上，建立了软开关 DC/DC 可控源电路的数学模型，并进行了控制系统设计。

2.1 DC/DC 可控源电路及其控制方式

2.1.1 电路拓扑结构

图 2-1 给出了海洋电磁发射机 DC/DC 可控源电路结构，主要包括 H 桥逆变器、两个带中心抽头的变压器以及输出整流滤波环节。其中 U_{dc} 是电源，$S_1 \sim S_4$ 为 IGBT 开关，$D_1 \sim D_4$ 为 IGBT 模块集成二极管。$C_{s1} \sim C_{s4}$ 为 IGBT 并联电容，L_s 为谐振电感，T 为隔离降压变压器，$D_{R1} \sim D_{R4}$ 为输出高频整流二极管，L 和 C 分别为滤波电感和电容，R_L 为负载，n 为副边绕组与原边绕组之比。隔离降压变压器采用两个相同大小变压器构成，原边串联，副边经过整流二极管后并联。与单个变压器相比，这种连接方式可以减小每个变压器的变比，原副边的磁耦合性增强，减小了漏感和占空比的丢失[83]。同时采用多个变压器的串并联连接方式，有助于变压器的模块化设计，降低变压器工作时的铜损和铁损。下面结合电路的工作过程，说明这种串并联连接方式如何实现输出整流二极管自动均流。

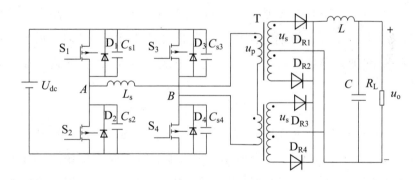

图 2-1 海洋电磁发射机 DC/DC 可控源电路结构

整流二极管均流即流过每个二极管的电流相同。重新画出高频变压器的结构示意图，如图 2-2 所示，原边输入电压 u_i 为正时，副边电压 u_1 与 u_3 也为正，整流二极管 D_{R1} 和 D_{R3} 开通，D_{R2} 和 D_{R4} 关断，此时有

$$i_1 = i_i/n \tag{2-1}$$

$$i_3 = i_i/n \tag{2-2}$$

$$u_A = u_1/n \tag{2-3}$$

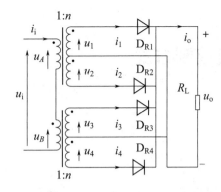

图 2-2 变压器串并联连接示意图

$$u_B = u_3/n \tag{2-4}$$

$$u_1 = u_o + u_{D_{R1}} \tag{2-5}$$

$$u_3 = u_o + u_{D_{R3}} \tag{2-6}$$

把式(2-5)、式(2-6)代入式(2-3)、式(2-4)可知,当二极管 D_{R1} 和 D_{R3} 的导通压降 $u_{D_{R1}}$ 与 $u_{D_{R3}}$ 不等时,对应变压器原边电压 u_A 与 u_B 也不相同,比如 $u_{D_{R1}}$ 大于 $u_{D_{R3}}$,则 u_A 大于 u_B,反过来也一样。由式(2-1)、式(2-2)可得

$$i_1 = i_3 \tag{2-7}$$

即流过二极管 D_{R1} 和 D_{R3} 电流相同,达到均流效果。由此得知,在变压器输入串联输出并联连接方式中,二极管通态压降的差异会导致对应变压器原边电压不同,不影响流过二极管的电流值。

2.1.2 控制方式

DC/DC 可控源电路主要有双极性硬开关和移相软开关两种控制方式。

1. 双极性硬开关控制方式[84]

图 2-3 给出了采用双极性硬开关控制方式 DC/DC 可控源电路在不同负载下的工作波形。在一个开关周期的前半个周期开关管 S_1 和 S_4 导通,后半个周期开关管 S_2 和 S_3 导通,导通时间 t_{on} 与二分之一开关周期 T_s 之比为占空比 D:

$$D = \frac{t_{on}}{T_s/2} \tag{2-8}$$

在开关管 S_1 和 S_4 导通期间,如果忽略开关管的通态压降,则变压器原边绕组上的电压 $u_{AB} = U_{dc}$;在开关管 S_2 和 S_3 导通期间,原边绕组上的电压 $u_{AB} = -U_{dc}$。在开关管都关断时,原边绕组上的电压 $u_{AB} = 0$,变压器原边绕组上的电压波形如图 2-3(a) 所示,是一个矩形波。调节占空比 D,逆变输出电压 u_{AB} 的脉宽发生变化,就可以控制 u_{AB} 的有效值。变压器输出电压 u_s 的波形与 u_{AB} 相同,只是幅值不同。

如果变压器副边接的是电阻负载 R_L,则变压器副边电流 i_s 的波形与副边电压 u_s、原边电流 i_p 的波形相同,此时二极管 $D_1 \sim D_4$ 不起作用。

如果输出接的是阻感负载,由于电感对电流的阻碍作用,电流不再是一个方波。当开关管 S_1 和 S_4 导通时,原边电流线性增加,原边电压 $u_{AB} = U_{dc}$;当关断

开关管 S_1 和 S_4 时，原边电流在电感的作用下线性减小，此时二极管 D_2 和 D_3 导通，原边电压反向，$u_{AB} = -U_{dc}$。与电阻负载相比，采用阻感负载时原边电压多了一块阴影面积，如图 2-3(b) 所示，这块阴影面积会导致原边电压有效值增加，同时会增大开关管两端的冲击电压。因此，电压 u_{AB} 的波形除了受开关管的开通和关断控制，也会受负载性质影响。如果负载感性较大，阴影面积和导通面积近似相同，电压 u_{AB} 的有效值主要受负载的影响，不随占空比 D 变化而线性变化。由于海洋电磁发射机负载寄生有 $500\mu H$ 的电感，故 DC/DC 可控源电路不能采用双极性硬开关控制方式。

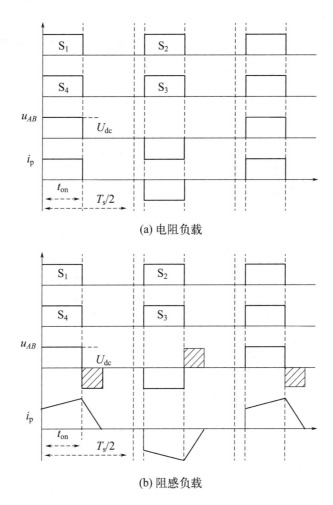

(a) 电阻负载

(b) 阻感负载

图 2-3　双极性硬开关控制时 DC/DC 可控源电路的主要波形

2. 移相软开关控制方式[85-87]

图 2-4 给出了采用移相软开关控制方式 DC/DC 可控源电路在不同负载下的工作波形。为了避免同一相上下两个桥臂同时导通，开关管 S_1 和 S_2 互补导通，

开关管 S_3 和 S_4 也互补导通。与双极性硬开关控制方式相比，开关管 S_1 和 S_4 不再同时导通，而是错开一定的电角度，由两者导通重叠角 α 即可求出控制占空比：

$$D = \frac{\alpha}{\pi} \tag{2-9}$$

开关管 S_1 和 S_2 比开关管 S_4 和 S_3 提前一定电角度导通，我们把提前导通的 S_1 和 S_2 叫做超前桥臂，滞后导通的 S_3 和 S_4 叫做滞后桥臂。

从图 2-4(a) 与图 2-3(a) 相比可知，在电阻负载时，两种控制方式下的电压 u_{AB} 的波形和原边电流 i_p 的波形相同。

图 2-4(b) 给出了阻感负载时的电压和电流波形，采用移相软开关控制方式，电压 u_{AB} 仅与导通重叠角 α 有关，不再受负载电感的影响。由此可见，移相软开关控制方式不会因负载性质导致输出电压波形畸变，故本文采用移相软开关控制方式。

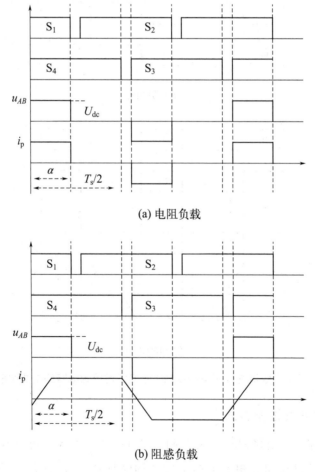

(a) 电阻负载

(b) 阻感负载

图 2-4 移相软开关控制时 DC/DC 可控源电路的主要波形

2.2 移相软开关 DC/DC 可控源工作过程分析

移相软开关 DC/DC 可控源电路在一个开关周期内，每一个开关管处于通态和断态的时间是固定不变的。同一个半桥中，上下两个开关管不能同时处于通态，一个开关管关断到另一个开关管导通要经过一定的死区时间。由于死区时间的存在，导通的时间略小于二分之一开关周期，关断的时间略大于二分之一开关周期。在分析之前，做出以下假设：

① 所有元器件均是理想器件；

② $C_{s1} = C_{s2} = C_{lead}$，$C_{s3} = C_{s4} = C_{lag}$；

③ 输出滤波电感足够大，可以看作一个恒流源。

在一个开关周期中，移相软开关 DC/DC 可控源电路有 12 种工作模式。电路工作时的主要波形如图 2-5 所示。

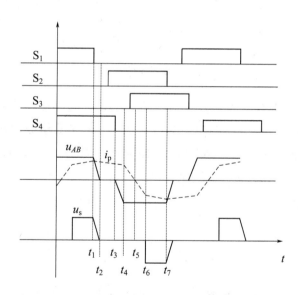

图 2-5 移相软开关 DC/DC 可控源电路主要波形

模式 0： t_1 时刻，等效电路见图 2-6。

开关管 S_1 和 S_4 导通，原边电流 i_p 由 U_{dc} 正端经 S_1、谐振电感 L_s、变压器原边绕组和 S_4，最后回到电源负端，向副边传递功率。负载电流经过变压器副边绕组的正端，经整流二极管 D_{R1}、输出滤波电感 L、输出滤波电容 C 和负载电阻 R_L，回到副边绕组的中心抽头。

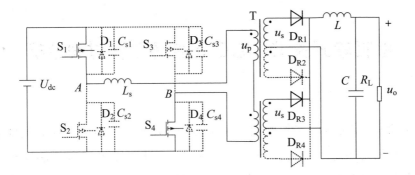

图 2-6　模式 0 等效电路

模式 1: 时间段 $[t_1, t_2]$, 等效电路见图 2-7。

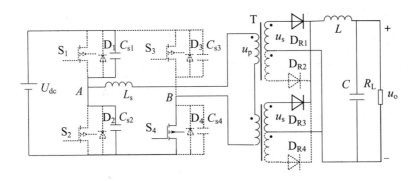

图 2-7　模式 1 等效电路

在 t_1 时刻关断开关管 S_1, 变压器原边的电流 i_p 从 S_1 转移到 C_{s1} 和 C_{s2}, 给吸收电容 C_{s1} 充电, 吸收电容 C_{s2} 放电, C_{s1} 和 C_{s2} 对电压起缓冲作用, S_1 是准零电压关断。在这个模式中, 谐振电感 L_s 和滤波电感 L 是串联的, 由于 L 很大, 近似一个恒流源, i_p 保持不变。吸收电容 C_{s1} 和 C_{s2} 电压为

$$u_{C_{s1}}(t) = \frac{nI_o}{C_{s1} + C_{s2}}t = \frac{nI_o}{C_{lead}}t \tag{2-10}$$

$$u_{C_{s2}}(t) = U_{dc} - \frac{nI_o}{C_{lead}}t \tag{2-11}$$

在 t_1 时刻, C_{s2} 的电压下降到零, S_2 的反并联二极管 D_2 自然导通, 从而结束该模式, 该模式的时间为

$$t_{1-2} = \frac{2C_{lead}U_{dc}}{nI_o} \tag{2-12}$$

模式 2: 时间段 $[t_2, t_3]$, 等效电路见图 2-8。

反并联二极管 D_2 导通后, 开通 S_2。虽然这时候 S_2 被开通, 但 S_2 并没有电流流过, i_p 经 D_2 流通, 电压 u_{AB} 箝位为零, 进入续流时间。由于是在 D_2 导通时

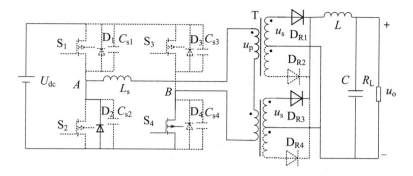

图 2-8　模式 2 等效电路

开通 S_2，所以 S_2 是零电压开通。S_2 和 S_1 驱动信号之间的死区时间 $t_{d(lead)} >$ t_{1-2}，即

$$t_{d(lead)} > \frac{2C_{lead}U_{dc}}{nI_o} \tag{2-13}$$

在本模式中，i_p 等于折算到原边的滤波电感电流，$i_p(t) = ni_L(t)$。

模式 3: 时间段 $[t_3, t_4]$，等效电路见图 2-9。

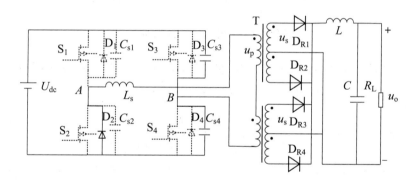

图 2-9　模式 3 等效电路

在 t_3 时刻，关断 S_4，由 C_{s3} 和 C_{s4} 提供通路，也就是说，i_p 用来抽走 C_{s3} 上的电荷，同时又给 C_{s4} 充电，由于 C_{s3} 和 C_{s4} 的存在，S_4 是准零电压关断。此时，$u_{AB} = -u_{C_{s4}}$，u_{AB} 的极性自零变为负，变压器副边绕组电势变为下正上负，整流二极管 D_{R2} 和 D_{R4} 导通，下面的副边绕组中开始流过电流。由于四个整流二极管同时导通，变压器副边绕组电压为零，原边绕组电压也相应为零，u_{AB} 直接加在谐振电感 L_s 上。在这段时间里，实际上是 L_s 和 C_{s3} 与 C_{s4} 在谐振状态，因此有

$$i_p(t) = nI_o \cos\omega_1(t) \tag{2-14}$$

$$u_{C_{s4}}(t) = \sqrt{\frac{L_s}{2C_{lag}}} nI_o \sin\omega_1(t) \tag{2-15}$$

$$u_{C_{s3}}(t) = U_{dc} - \sqrt{\frac{L_s}{2C_{lag}}} nI_o \sin\omega_1(t) \qquad (2\text{-}16)$$

式中，$\omega_1 = 1/\sqrt{2L_sC_{lag}}$。

在 t_4 时刻，当 C_4 的电压上升到 u_{dc}，D_3 自然导通，结束该模式。该模式持续的时间为

$$t_{3-4} = \frac{1}{\omega_1} \arcsin\sqrt{\frac{2C_{lag}}{L_s} \frac{U_{dc}}{nI_o}} \qquad (2\text{-}17)$$

模式 4：时间段 $[t_4, t_5]$，等效电路见图 2-10。

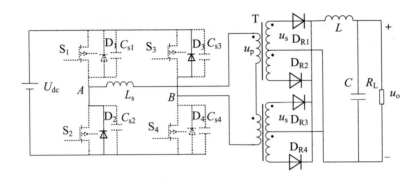

图 2-10　模式 4 等效电路

在 t_4 时刻，D_3 自然导通，将 S_3 的电压箝位在零位，此时就可以开通 S_3，为零电压开通。S_3 和 S_4 驱动信号之间的死区时间 $t_{d(lag)} > t_{3-4}$，即

$$t_{d(lag)} > \frac{1}{\omega_1} \arcsin\sqrt{\frac{2C_{lag}}{L_s} \frac{U_{dc}}{nI_o}} \qquad (2\text{-}18)$$

虽然此时 S_3 已开通，但 S_3 不流过电流，i_p 经 D_3 流通。谐振电感的储能回馈给输入电源。与上一模式一样，副边四个整流二极管同时导通，因此变压器原副边绕组电压均为零，电源电压 U_{dc} 全部加在 L_s 两端，i_p 线性下降，其大小为

$$i_p(t) = I_p(t_4) - \frac{U_{dc}}{L_s}t \qquad (2\text{-}19)$$

到 t_5 时刻，i_p 从 $I_p(t_4)$ 下降到零，二极管 D_2 和 D_3 自然关断，S_2 和 S_3 中将流过电流。该模式持续的时间为

$$t_{4-5} = \frac{L_sI_p(t_4)}{U_{dc}} \qquad (2\text{-}20)$$

模式 5：时间段 $[t_5, t_6]$，等效电路见图 2-11。

在 t_5 时刻，由 i_p 正值过零，并且向负方向增加，此时 S_2 和 S_3 提供通路。由于 i_p 仍不足以提供负载电流，负载电流仍由四个整流二极管提供续流回路，

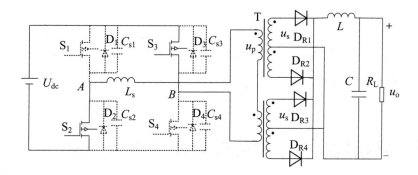

图 2-11　模式 5 等效电路

因此原边绕组电压仍然为零，加在谐振电感两端的电压是 U_{dc}，i_p 反向增加，其大小为

$$i_p(t) = -\frac{U_{dc}}{L_s}t \tag{2-21}$$

到 t_6 时刻，原边电流达到负载电流折算到变压器原边的电流值 $-nI_L(t_6)$，该模式结束。此时，整流二极管 D_{R1} 和 D_{R3} 关断，D_{R2} 和 D_{R4} 流过全部负载电流。该模式持续的时间为

$$t_{4-5} = \frac{L_s nI_L(t_5)}{U_{dc}} \tag{2-22}$$

模式 6： 时段 $[t_6, t_7]$，等效电路见图 2-12。

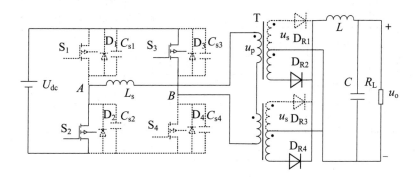

图 2-12　模式 6 等效电路

在该模式中，电源向负载传递电能，原边电流为

$$i_p(t) = -\frac{U_{dc} - \dfrac{U_o}{n}}{L_s + \dfrac{L}{n^2}}t \tag{2-23}$$

因为 $L_s \ll L/n^2$，上式可简化为

$$i_p(t) = -\frac{n^2 U_{dc} - n U_o}{L} t \qquad (2\text{-}24)$$

在 t_7 时刻，S_2 关断，变换器开始下半个周期的工作，其工作情况与上半周期类似，波形镜像对称。

2.3 移相软开关 DC/DC 可控源电路建模

移相软开关 DC/DC 可控源电路是利用谐振电感与开关管并联电容的局部谐振，在开关管开通之前使其两端电压降为零，实现零电压开通。电路工作时一个开关周期共有 12 种工作状态，直接对移相软开关 DC/DC 可控源电路建模非常困难[88]。图 2-13 和图 2-14 分别给出了双极性硬开关和移相软开关 DC/DC 可控源电路工作时变压器原边和副边主要工作波形。从图中可以看出，在给定占空比控制下，两种电路的主要波形近似，差别在于移相软开关 DC/DC 可控源电路由于漏感的存在，出现占空比丢失。

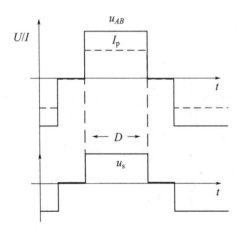

图 2-13 双极性硬开关 DC/DC
可控源电路主要工作波形

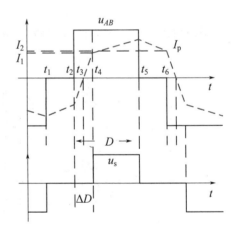

图 2-14 移相软开关 DC/DC
可控源电路主要工作波形

根据 DC/DC 可控源电路的工作过程，从电路的输出分析，移相软开关和双极性硬开关 DC/DC 可控源电路都可以等效为图 2-15 所示的两种工作电路状态，分别为原边向副边传递电能时的等效状态 1 和副边续流时的等效状态 2[89]，区别在于 R_d 的取值，采用双极性硬开关时 R_d 取值为零。由此可见，可以通过双极性硬开关 DC/DC 可控源电路的数学模型推导出移相软开关 DC/DC 可控源电路的数学模型。

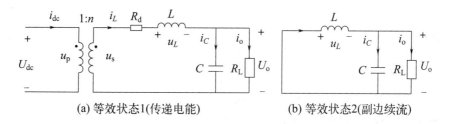

(a) 等效状态1(传递电能)　　　　(b) 等效状态2(副边续流)

图 2-15　等效电路状态

2.3.1　双极性硬开关 DC/DC 可控源电路建模

如图 2-15(a) 所示，在等效状态 1，根据 KVL 和 KCL 定律，列写电路方程：

$$\begin{cases} u_L(t)=nu_{dc}(t)-u_o(t) \\ i_C(t)=i_L(t)-\dfrac{u_o(t)}{R_L} \\ i_{dc}(t)=ni_L(t) \end{cases} \tag{2-25}$$

同理，在等效状态 2 有

$$\begin{cases} u_L(t)=u_o(t) \\ i_C(t)=i_L(t)-\dfrac{u_o(t)}{R_L} \\ i_{dc}(t)=0 \end{cases} \tag{2-26}$$

在低频条件下，采用小纹波近似，电压电流用其平均值替代：

$$\begin{cases} u_L(t)=n<u_{dc}(t)>_{T_s}-<u_o(t)>_{T_s} \\ i_C(t)=<i_L(t)>_{T_s}-\dfrac{<u_o(t)>_{T_s}}{R_L} \\ i_{dc}(t)=n<i_L(t)>_{T_s} \end{cases} \tag{2-27}$$

得

$$\begin{cases} u_L(t)=-<u_o(t)>_{T_s} \\ i_C(t)=<i_L(t)>_{T_s}-\dfrac{<u_o(t)>_{T_s}}{R_L} \\ i_{dc}(t)=0 \end{cases} \tag{2-28}$$

在一个周期内，电感电压和电容电流的瞬时值可以用平均值来近似：

$$L\frac{d<i_L(t)>_{T_s}}{dt}=d(t)[n<u_{dc}(t)>_{T_s}-<u_o(t)>_{T_s}]+d'(t)[-<u_o(t)>_{T_s}]$$

$$\tag{2-29}$$

$$L\frac{\mathrm{d}<u_C(t)>_{T_s}}{\mathrm{d}t}$$

$$=d(t)\left[<i_L(t)>_{T_s}-\frac{<u_o(t)>_{T_s}}{R_L}\right]+d'(t)\left[<i_L(t)>_{T_s}-\frac{<u_o(t)>_{T_s}}{R_L}\right] \tag{2-30}$$

$$<i_{dc}(t)>_{T_s}=d(t)n<i_L(t)>_{T_s}+d'(t)\times 0 \tag{2-31}$$

把平均值分离为静态工作点+扰动量：

$$<U_{dc}(t)>_{T_s}=U_{dc}+\hat{u}_{dc}(t) \tag{2-32}$$

$$<d(t)>_{T_s}=D+\hat{d}(t) \tag{2-33}$$

$$<d'(t)>_{T_s}=1-D-\hat{d}(t) \tag{2-34}$$

$$<i_L(t)>_{T_s}=I_L+\hat{i}_L(t) \tag{2-35}$$

$$<u_o(t)>_{T_s}=U_o+\hat{u}_o(t) \tag{2-36}$$

$$<i_{dc}(t)>_{T_s}=I_{dc}+\hat{i}_{dc}(t) \tag{2-37}$$

把式(2-32)～式(2-37)代入式(2-29)，可得

$$L\frac{\mathrm{d}(I_L+\hat{i}_L(t))}{\mathrm{d}t}=(D+\hat{d}(t))[n(U_{dc}+\hat{u}_{dc}(t))-(U_o+\hat{u}_o(t))]$$

$$+(1-D-\hat{d}(t))[-(U_o+\hat{u}_o(t))] \tag{2-38}$$

忽略二次小项，让相应交流量相等，可得小信号模型方程：

$$L\frac{\mathrm{d}\hat{i}_L(t)}{\mathrm{d}t}=nD\hat{u}_{dc}(t)+n\hat{d}(t)U_{dc}-\hat{u}_o(t) \tag{2-39}$$

同理可得

$$L\frac{\mathrm{d}\hat{u}_C(t)}{\mathrm{d}t}=\hat{i}_L(t)-\frac{\hat{u}_o(t)}{R} \tag{2-40}$$

$$\hat{i}_{dc}(t)=nD\hat{i}_L(t)+nI_L\hat{d}(t) \tag{2-41}$$

根据方程，画出对应的小信号等效模型，如图2-16所示。

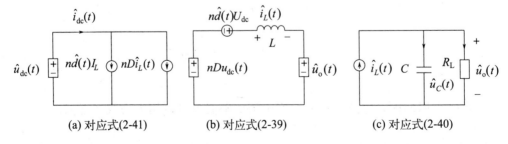

(a) 对应式(2-41)   (b) 对应式(2-39)   (c) 对应式(2-40)

图 2-16　小信号等效模型

用理想直流变压器模型代入，并变换到 s 域，可得图 2-17 所示的 s 域小信号电路等效模型。

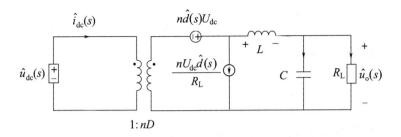

图 2-17　s 域小信号电路等效电路

（1）控制-输出的传递函数

$$G_{vd}(s) = \frac{\hat{u}_o(s)}{\hat{d}(s)}\bigg|_{\hat{u}_{dc}(s)=0} = \frac{\left(\dfrac{1}{sC} \parallel R_L\right)}{\left(\dfrac{1}{sC} \parallel R_L\right) + sL} nU_{dc} = \frac{nU_{dc}}{LCs^2 + \dfrac{L}{R_L}s + 1} \qquad (2\text{-}42)$$

（2）控制-滤波电感电流的传递函数

$$G_{id}(s) = \frac{\hat{i}_L(s)}{\hat{d}(s)}\bigg|_{\hat{u}_{dc}(s)=0} = \frac{nU_{dc}}{\left(\dfrac{1}{sC} \parallel R_L\right) + sL} = nU_{dc}\frac{Cs + \dfrac{1}{R_L}}{LCs^2 + \dfrac{L}{R_L}s + 1} \qquad (2\text{-}43)$$

（3）输入-输出的传递函数

$$G_{vg}(s) = \frac{\hat{u}_o(s)}{\hat{u}_{dc}(s)}\bigg|_{\hat{d}(s)=0} = \frac{\left(\dfrac{1}{sC} \parallel R_L\right)}{\left(\dfrac{1}{sC} \parallel R_L\right) + sL} nD = \frac{nD}{LCs^2 + \dfrac{L}{R_L}s + 1} \qquad (2\text{-}44)$$

（4）开环输入阻抗

$$Z(s) = \frac{\hat{u}_{dc}(s)}{\hat{i}_{dc}(s)}\bigg|_{\hat{d}(s)=0} = \frac{\hat{u}_{dc}(s)}{\dfrac{nD\hat{u}_{dc}(s)}{\left(\dfrac{1}{sC} \parallel R_L\right) + sL}nD} = \frac{1}{n^2D^2}\frac{LCs^2 + \dfrac{L}{R_L}s + 1}{Cs + \dfrac{1}{R_L}} \qquad (2\text{-}45)$$

（5）开环输出阻抗

$$Z_o(s) = \frac{\hat{u}_o(s)}{\hat{i}_o(s)}\bigg|_{\hat{u}_{dc}(s)=0,\,\hat{d}(s)=0} = sL \parallel \frac{1}{sC} \parallel R_L = \frac{sL}{LCs^2 + \dfrac{L}{R_L}s + 1} \qquad (2\text{-}46)$$

2.3.2 移相软开关 DC/DC 可控源电路建模

由硬开关和软开关工作过程分析可知，移相软开关和双极性硬开关 DC/DC 可控源电路主要区别是由 R_d 引起的占空比变化，主要包括静态占空比丢失和小信号占空比变化[90]。静态占空比丢失在 2.5.2 节分析，下面讨论小信号占空比变化。

（1）由负载电流变化引起的有效占空比变化

由负载电流变化导致有效占空比变化的情况如图 2-18 所示。当负载电流增大 $\hat{i}_o$ 时，负载电流折算到变压器原边的电流值增大 $n\hat{i}_o$，如图中虚线所示。由于谐振电感和输入电压不变，原边电流上升的斜率也不变，原边电流上升到 nI_o 所需时间增加 Δt，此时原边开始向副边传递功率，建立起副边电压。由于原边占空比不变，副边电压的下降沿不变，增加的时间 Δt 将引起有效占空比下降。

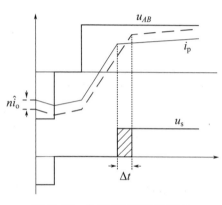

图 2-18 负载电流变化引起的
有效占空比变化

从图 2-18 可以看出，基于 $\hat{i}_o$ 的副边电压的附加延时为

$$\Delta t = 2n\hat{i}_o \frac{L_s}{U_{dc}} \tag{2-47}$$

基于 Δt 的有效占空比 D_{eff} 的变化记作 $\hat{d}_i$，则

$$\hat{d}_i = -\frac{\Delta t}{T_s/2} = -\frac{4nL_s f_s}{U_{dc}}\hat{i}_o \tag{2-48}$$

或者写成

$$\hat{d}_i = -\frac{R_d}{nU_{dc}}\hat{i}_o \tag{2-49}$$

式中，$R_d = 4n^2 L_s f_s$；f_s 为开关频率；负号表示负载电流变化与有效占空比变化的方向相反，这个过程可以看作是一个电流负反馈。

由式(2-49)可知，谐振电感对 DC/DC 可控源电路的影响相当于在电路的输出端增加了一个阻抗 R_d，给系统带来一个附加的阻尼，减小了电路输出的谐振峰值，但同时也降低了直流增益。

（2）由输入电压变化引起的有效占空比变化

图 2-19 给出了输入电压变化时有效占空比变化情况。若输入电压增大 $\hat{u}_{dc}$，如图中虚线所示，由于谐振电感不变，原边电流上升的斜率增加，原边电流上升到 nI_o 所需的时间减小 Δt，副边有效占空比将增加。

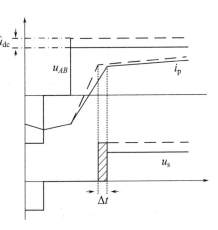

图 2-19　输入电压变化引起的有效占空比变化

由图 2-19 可以看出，副边电压时间超前量为

$$\Delta t = n\left[2I_o - \frac{U_o}{L}(1-D)\frac{T_s}{2}\right]\left(\frac{L_s}{U_{dc}} - \frac{L_s}{U_{dc}+\hat{u}_{dc}}\right)$$

$$\approx n\left[2I_o - \frac{U_o}{L}(1-D)\frac{T_s}{2}\right]\frac{L_s}{U_{dc}^2}\hat{u}_{dc} \qquad (2\text{-}50)$$

基于 Δt 的有效占空比 D_{eff} 的变化记作 $\hat{d}_u$，得

$$\hat{d}_u = \frac{\Delta t}{T_s/2} = \left[I_o - \frac{U_o}{L}(1-D)\frac{T_s}{4}\right]\frac{4nf_sL_s}{U_{dc}^2}\hat{u}_{dc} \qquad (2\text{-}51)$$

由于在（$1-D$）期间，变压器原边续流，为了降低环流电流导致的损耗，续流时间应尽量短，即 $D\gg(1-D)$，忽略式(2-51)中的含（$1-D$）项，可得

$$\hat{d}_u = \frac{4nf_sL_sI_o}{U_{dc}^2}\hat{u}_{dc} \qquad (2\text{-}52)$$

或者写成

$$\hat{d}_u = \frac{R_dI_o}{nU_{dc}^2}\hat{u}_{dc} \qquad (2\text{-}53)$$

此时输入电压变化的方向和有效占空比变化的方向相同，输入电压变化的影响等同于电压正反馈。由公式(2-53) 可以看出，这种效果相当于在电路的输出端增加了一个阻抗 R_d，给系统带来一个附加的阻尼，减小了电路输出的谐振峰值，但同时也降低了直流增益。

（3）小信号模型

将上述分析引入移相软开关 DC/DC 可控源电路的小信号电路模型，即用 $\hat{d}_{eff}$ 代替 $\hat{d}$，得

$$\hat{d}_{eff} = \hat{d} + \hat{d}_i + \hat{d}_u \qquad (2\text{-}54)$$

移相软开关 DC/DC 可控源电路的小信号模型如图 2-20 所示。

由图 2-20 所示的小信号模型可以得到系统的控制-输出传递函数为

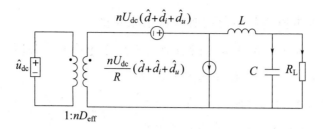

图 2-20 移相软开关 DC/DC 可控源电路的小信号模型

$$\frac{\hat{u}_o(s)}{\hat{d}_{\text{eff}}(s)} = \frac{nU_{\text{dc}}}{LCs^2 + s\left(\dfrac{L}{R_L} + R_d C\right) + \dfrac{R_d}{R_L} + 1}\qquad(2\text{-}55)$$

当附加阻尼 $R_d = 0$ 时，软开关 DC/DC 可控源电路模型即蜕变为双极性硬开关 DC/DC 可控源电路模型。从式(2-55)可以看出，内部的电流反馈作用降低了传递函数低频段的增益，这是由 R_d/R_L 部分引起的，如果 R_d/R_L 控制在合理范围内，可以忽略不计，则

$$\frac{\hat{u}_o(s)}{\hat{d}_{\text{eff}}(s)} = \frac{nU_{\text{dc}}\omega_0^2}{s^2 + 2\omega_0 \xi s + \omega_0^2}\qquad(2\text{-}56)$$

式中，$\omega_0^2 = 1/LC$，$\xi = \dfrac{1}{2R_L}\sqrt{\dfrac{L}{C}} + \dfrac{R_d}{2}\sqrt{\dfrac{C}{L}}$。$\xi$ 的第一项是硬开关 DC/DC 可控源电路的阻尼项，第二项是在软开关 DC/DC 可控源电路中由于存在变压器漏感而引入的阻尼。

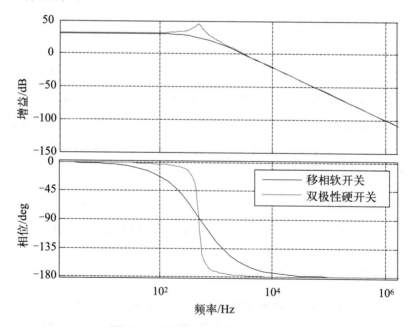

图 2-21 控制-输出传递函数伯德图

海洋电磁发射机可控源电路及其控制

图 2-21 给出了控制-输出传递函数伯德图。从图中可以看出，在移相软开关 DC/DC 可控源电路中，由于存在附加阻尼 R_d，增加了二阶系统的阻尼系数，振荡峰值大大减小。

控制-滤波电感电流传递函数为

$$G_{id}(s) = \frac{nU_{dc}\left(Cs + \dfrac{1}{R_L}\right)}{LCs^2 + \left(\dfrac{L}{R_L} + R_d C\right)s + \dfrac{R_d}{R_L} + 1} \tag{2-57}$$

图 2-22 为控制-滤波电感电流传递函数伯德图。

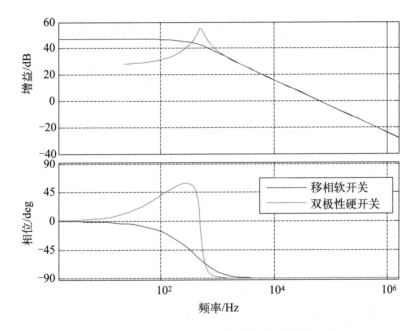

图 2-22 控制-滤波电感电流传递函数伯德图

输入-输出传递函数为

$$G_{vg}(s) = \frac{nD}{LCs^2 + \left(\dfrac{L}{R_L} + R_d C\right)s + \dfrac{R_d}{R_L} + 1} \tag{2-58}$$

图 2-23 为输入-输出传递函数伯德图。

开环输入阻抗为

$$Z(s) = \frac{1}{n^2 D^2} \frac{LCs^2 + \left(\dfrac{L}{R_L} + R_d C\right)s + \dfrac{R_d}{R_L} + 1}{sC + \dfrac{1}{R_L}} \tag{2-59}$$

图 2-24 为开环输入阻抗传递函数伯德图。

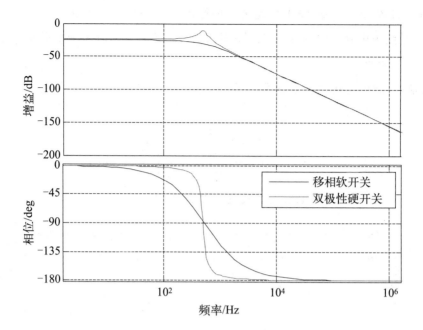

图 2-23　输入-输出传递函数伯德图

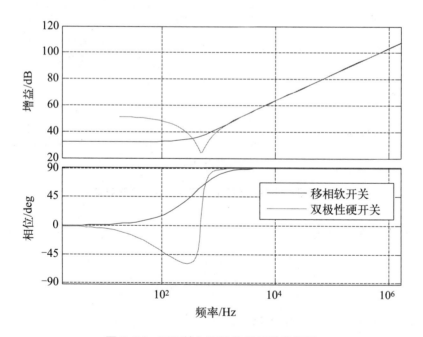

图 2-24　开环输入阻抗传递函数伯德图

开环输出阻抗为

$$Z_{\mathrm{o}}(s) = \frac{sL + R_{\mathrm{d}}}{LCs^2 + \left(\dfrac{L}{R_{\mathrm{L}}} + R_{\mathrm{d}}C\right)s + \dfrac{R_{\mathrm{d}}}{R_{\mathrm{L}}} + 1} \qquad (2\text{-}60)$$

图 2-25 为开环输出阻抗传递函数伯德图。

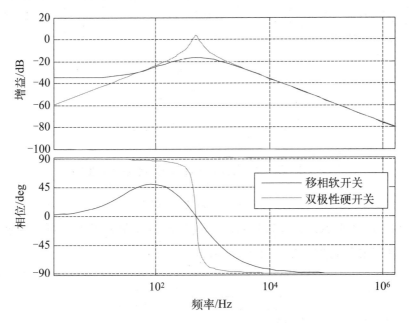

图 2-25　开环输出阻抗传递函数伯德图

2.4　数字控制系统设计

2.4.1　双闭环控制系统工作原理

如图 2-26 所示，首先对移相软开关 DC/DC 可控源电路的输出电压 $u_。$ 进行隔离与变换，然后利用数字控制器进行 AD 采样，将采样结果与给定电压 u_{ref} 比较，得到的电压误差信号送入电压调节器，得到 i^*，为电流控制环提供一个参考信号。对滤波电感电流 i_L 同样进行隔离与变换，然后利用数字控制器进行 AD 采样，将采样结果与 i^* 进行比较，得到电流误差信号，送入电流调节器，经过 PWM 调制，得到与占空比 d 对应的脉宽调制信号，调节负载电流 i_L 和输出电压 $u_。$。电流控制环为内环，实现电流自动调节；电压控制环为外环，实现电压自动调节[91]。

2.4.2　电流控制器的设计

由 2.2.2 分析可知，电流环开关传递函数为

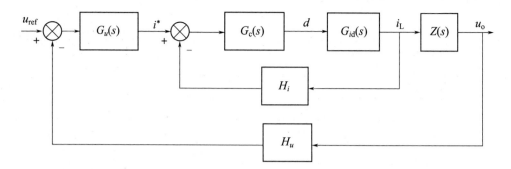

图 2-26　DC/DC 可控源电路双闭环系统控制框图

$$G_{i0}(s) = H_i G_{id}(s) \tag{2-61}$$

式中，H_i 为电流采样反馈增益。根据给定的发射机参数，可以绘制出电流控制器传递函数伯德图，如图 2-27 所示。

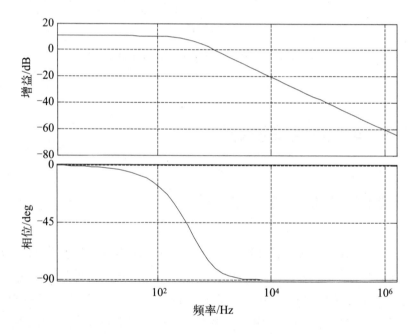

图 2-27　电流控制器传递函数伯德图

由图 2-27 可知，该电流环节在未校正之前存在以下问题。

(1) 稳态性能

原始系统的直流及低频段增益有限。原始系统为 0 型系统，低频增益约为 10dB。因此若要求校正后的系统阶跃无静差，则需要增加 PI 补偿网络，提高系统的型别。

（2）动态性能

原始系统在自然振荡频率处存在两个极点，使系统以 $-40\mathrm{dB/dec}$ 的斜率下降并穿越 0 分贝线，造成原始系统截止频率（$f_c = 1\mathrm{kHz}$）偏低，影响系统的动态特性。

通过上述分析可知，对于电流环节，应选 PI 调节器为串联补偿。一方面利用 PI 控制器调整系统的低频稳态性能，提高系统的型别，达到无静差要求；另一方面利用 PI 调节器的零点，使校正后系统以 $-20\mathrm{dB/dec}$ 的斜率下降并穿越 0 分贝线，提高系统的相角裕度。

PI 调节器的传递函数为

$$G_c(s) = K_{\mathrm{PI}} \frac{1 + \frac{s}{\omega_{z1}}}{s} \tag{2-62}$$

PI 调节器零点和增益的具体设计方法如下。

（1）确定校正后的开环系统截止频率

截止频率越高，系统动态性能越好，但同时需要考虑高频开关频率及其谐波噪声，以及寄生振荡引起的高频分量的有效抑制问题。因此，一般将校正后的开环系统截止频率设置在 $1/5 \sim 1/20$ 开关频率处。本设计中开关频率 $f_s = 20\mathrm{kHz}$，选择截止频率为

$$f_c' = \frac{f_s}{10} = 2\mathrm{kHz} \tag{2-63}$$

（2）确定补偿网络的零点

零点用来缓和 PI 控制极点对系统稳定性产生的不利影响。一般可将该零点设在原始系统转折频率的 $1/2 \sim 1/4$ 处，即 $\omega_{z1} = (1/4 \sim 1/2)\omega_0$。本设计中原始系统的转折频率为 $f_0 = 316\mathrm{Hz}$。则

$$\omega_{z1} = \frac{1}{2} 2\pi f_0 \approx 1000\mathrm{rad/s} \tag{2-64}$$

将此值代入式（2-62），并设 PI 补偿网络增益 $K_{\mathrm{PI}} = 1$，有

$$G_c(s) = \frac{1 + \frac{s}{1000}}{s} \tag{2-65}$$

绘制预校正后的系统开环回路伯德图，如图 2-28 所示。

$K_{\mathrm{PI}} = 1$ 时，补偿后系统开环回路在截止频率处的增益为

$$20\log |G_c(j\omega_c)G_{id}(j\omega_c)H|_{K_{\mathrm{PI}}=1} = -A \tag{2-66}$$

为使补偿后开环回路在截止频率处的增益为 0dB，补偿网络的增益系数 K_{PI} 应为

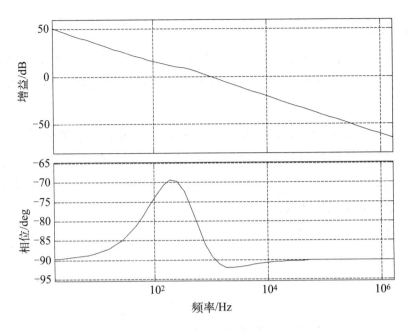

图 2-28　预校正后的系统开环回路伯德图

$$20\log K_{\text{PI}} = A \tag{2-67}$$

根据图 2-28，当 $f'_{\text{c}} = 2\text{kHz}$ 时，PI 补偿网络增益 $K = 1$ 对应的开环对数幅度值为 -6.28dB。要使系统开环截止频率为 2kHz，则系统开环增益 K_{PI} 需满足

$$K_{\text{PI}} = 10^{A/20} = 2 \tag{2-68}$$

将 K_{PI} 值代入，绘制校正系统开环传递函数伯德图，如图 2-29 所示。由系统

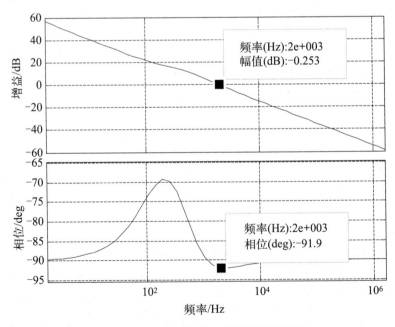

图 2-29　校正系统开环传递函数伯德图

补偿后开环传递函数幅频曲线可知截止频率为 $2\mathrm{kHz}$，相角裕量为 $88.1°$。

2.4.3　求取电压控制器的控制对象

由图 2-26 可知，电流闭环和负载共同组成电压控制器的控制对象。

（1）电流闭环传递函数

电流闭环控制框图如图 2-30 所示。

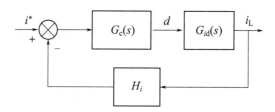

图 2-30　电流闭环控制框图

由图 2-30 可得电流闭环传递函数为

$$G_{\mathrm{cc}}(s)=\frac{G_{\mathrm{c}}(s)G_{id}(s)}{1+G_{\mathrm{c}}(s)G_{id}(s)H_i} \tag{2-69}$$

从式(2-69)看出，该函数的阶次比较高，若直接用于电压外环设计会比较困难，需对其进行降阶处理[92]。简化模型为

$$G'_{\mathrm{cc}}(s)=\frac{K}{\dfrac{s^2}{(\omega_{\mathrm{cp}}/2)}+\zeta\dfrac{s}{\omega_{\mathrm{cp}}/2}+1} \tag{2-70}$$

式中，ω_{cp} 为电流闭环的极点角频率；$\zeta=1\sim1.5$。

图 2-31 中给出了实际计算模型和近似模型的电流环的闭环传递函数频率特性，由图可知，两者的频率特性非常近似，故可以用近似模型代替实际计算模型。

（2）电压控制器控制对象的传递函数

负载环节 $Z(s)$ 由输出滤波电容 C 和负载电阻 R_{L} 组成，其传递函数为

$$Z(s)=K_Z\frac{s/\omega_{zz}+1}{s/\omega_{zp}+1} \tag{2-71}$$

式中，负载网络增益 $K_Z=R_{\mathrm{L}}$；负载的极点角频率 $\omega_{zp}=1/[(R_C+R_{\mathrm{L}})C]$；负载的零点角频率 $\omega_{zz}=1/(R_CC)$；R_C 为输出滤波电容的等效串联电阻。

用电流环近似闭环传递函数 $G'_{\mathrm{CC}}(s)$ 代替 $G_{\mathrm{CC}}(s)$，得到等效功率级的传递函数：

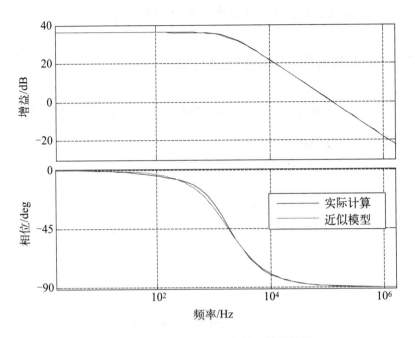

图 2-31 电流环的闭环传递函数伯德图

$$G_{\text{EPL}}(s) = K \times K_Z \frac{\dfrac{s}{\omega_{zz}} + 1}{\left(\dfrac{s}{\omega_{zp}} + 1\right)\left[\dfrac{s^2}{(\omega_{cp}/2)} + \zeta\dfrac{s}{\omega_{cp}/2} + 1\right]} \qquad (2\text{-}72)$$

2.4.4 电压控制器的设计

图 2-32 给出了等效电压单环控制系统框图，H_u 为电压调理电路的传递函数，$G_u(s)$ 为电压控制器的传递函数，$G_{\text{EPL}}(s)$ 等效功率级的传递函数。

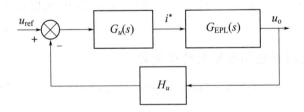

图 2-32 等效电压单环控制系统框图

电压环的开环传递函数为

$$T(s) = G_{\text{EPL}}(s)H_u \qquad (2\text{-}73)$$

图 2-33 中给出了电压环开环传递函数的频率特性曲线，可以看出该传递函数零点和极点的个数分别是 1 和 3，若要抵消两个极点，需采用 PID 控制器作为

电压补偿网络，其传递函数为

$$G_u(s) = K_{PID} \frac{\left(1+\dfrac{s}{\omega_{z1}}\right)\left(1+\dfrac{s}{\omega_{z2}}\right)}{s} \tag{2-74}$$

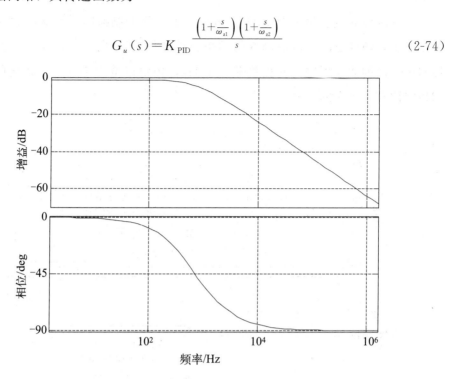

图 2-33　电压环开环传递函数伯德图

设置零点 ω_{z1} 抵消负载的极点，即 $\omega_{z1}=\omega_{zp}$；另外一个零点 ω_{z2} 放在电流环的极点 ω_{cp} 附近，即 $\omega_{z2}=\omega_{cp}$，得到预校正开环系统传递函数伯德图，如图 2-34

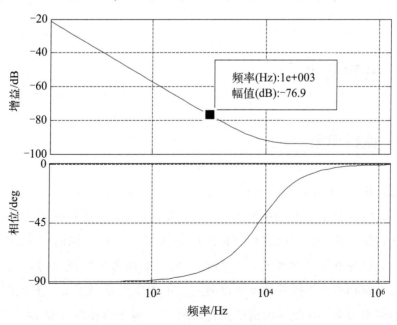

图 2-34　预校正开环系统传递函数伯德图

所示。

设电压环的截止频率为1kHz，可以求出PID调制器的增益K_{PID}为6998，校正后电压开环补偿网络传递函数的频率特性如图2-35所示。由系统补偿后开环传递函数幅频曲线可知，截止频率为1kHz，相角裕量为100.5°，系统的瞬态性和稳定性有了较大的提高。

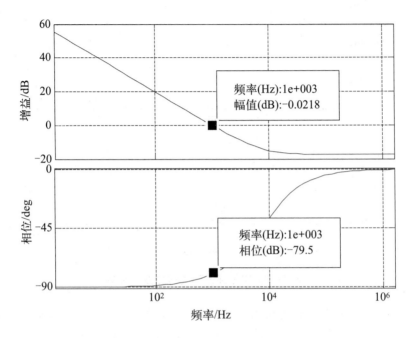

图2-35　校正后电压开环补偿网络传递函数伯德图

2.5　电路特性

2.5.1　振铃现象

移相软开关DC/DC可控源电路工作时，变压器输出采用高频二极管整流，二极管正向导通时在PN结两侧储存大量少数载流子，关断时需要清除掉这些载流子以达到反向偏置，因此需要较长的反向恢复时间t_{rr}，同时产生较大的反向电流，并会出现电压过冲现象[93]。另外在变压器副边电压建立时，变压器副边绕组分布电容和整流二极管的寄生电容C_{DR}将与变压器漏感L_1进行谐振，且电压振荡的频率很高，这就是所谓的振铃现象[94]。对于移相软开关DC/DC可控源电路，逆变桥输出电压用一个理想电压源代替，并折算到变压器副边，可以得到寄生振荡简化电路，如图 2-36 所示。

$$L_1 = n^2 L_s \tag{2-75}$$

$$u_s = n u_{AB} \tag{2-76}$$

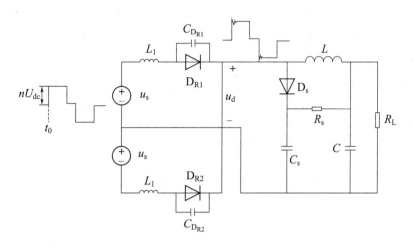

图 2-36　寄生振荡简化电路图

在 t_0 时刻之前，输出电流 I_o 从两个整流二极管中流过，u_s 为零。t_0 时刻之后，u_s 从零变为 nU_{dc}，同时 I_s 以 nU_{dc}/L_1 的斜率增加。当 I_s 增加到 I_o 时，D_{R2} 截止，然而在 u_s 的作用下，I_s 继续增加，此时 I_s 与输出电流的差值电流 $\Delta I = I_s - I_o$ 向电容 C_e 充电，C_e 和 L_1 之间产生谐振，导致 u_d 电压上升，电容 C_e 为整流二极管和变压器寄生电容的等效电容，此时有

$$u_d(t) = nU_{dc} - nU_{dc}\cos\omega t \tag{2-77}$$

$$i_s(t) = I_0 + \frac{nU_{dc}}{\sqrt{\dfrac{L_1}{C_e}}}\sin\omega t \tag{2-78}$$

振荡频率为

$$\omega = \frac{1}{\sqrt{L_1 C_e}} \tag{2-79}$$

由式（2-77）可以看出，u_d 的最大值为 2 倍的 nU_{dc}。电压过冲和电流振铃现象不但会导致高频整流二极管的电压应力增加，同时会通过变压器折算到原边，增大逆变桥开关管的电压应力。高频的冲击和振荡也会带来电磁干扰问题，影响驱动信号，有可能导致电路不正常工作[95]。抑制此电压过冲和电流振铃现象，提高移相软开关 DC/DC 可控源电路的效率、开关频率及功率等级，主要有有源箝位[96]和 RCD 吸收[97]两种方法。

所谓有源箝位，即增加一个有源开关器件和电容，跨接在变压器整流输出

端，通过时序配合，可以让电容箝位输出电压，吸收电压尖峰。但此电路需外加有源器件，而且要求和逆变桥时序配合，电路复杂，故本文采用 RCD 吸收法。

RCD 吸收法采用 R_s、C_s 和 D_s 组成的电路。假设 C_s 足够大，可以等效为一个恒压源，其电压幅值为 U_{cp}，当 u_d 达到 U_{cp} 时，D_s 将导通，剩余电流 $\Delta I = I_s - I_o$ 向 C_s 充电，直到降为零。另外，R_s 为 C_s 提供了放电路径，注意到 R_s 一端与 U_o 连接，吸收损耗可以反馈到输出。下面分析 R_s、U_{cp} 和吸收损耗之间的关系。

当电路进入稳态后，通过 C_s 的平均电流为零，所以 C_s 可以看作一个恒压源。由图 2-37 可知，u_d 达到 U_{cp} 后，D_s 开始导通，ΔI 线性减小，直到为零。由于铜损，下一次谐振电压的峰值不会达到 U_{cp}，此箝位动作仅发生一次，其持续的时间为

$$\Delta t = \frac{L_1 \Delta I(t_1)}{U_{cp} - nU_{dc}} \tag{2-80}$$

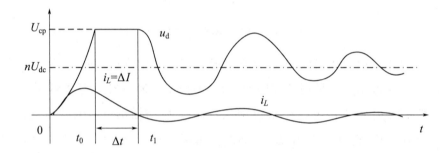

图 2-37　振铃电压和吸收二极管电流

对流过 D_s 的电流进行积分：

$$\int_{t_1}^{t_2} \Delta I(t) \mathrm{d}t = \frac{\Delta I(t_1)}{2} \Delta t = \frac{1}{2} L_1 \Delta I^2(t_1)\left(\frac{1}{U_{cp} - nU_{dc}}\right) \tag{2-81}$$

此时谐振电路中谐振电容为 $C_e + C_s$，由于 $C_e \ll C_s$，计算时忽略 C_e。把 $u_d(t_1) = U_{cp}$ 代入式(2-77) 和式(2-78)，可得

$$\Delta I^2(t_1) = \frac{C_s}{L_1} U_{cp}(2nU_{dc} - U_{cp}) \tag{2-82}$$

每个周期流过 R_s 电流的积分时间为

$$\int_0^{T_s} i_{R_s} \mathrm{d}t = \frac{T_s}{2}\left(\frac{U_{cp} - U_o}{R}\right) \tag{2-83}$$

由于在稳态时流过 C_s 的平均电流为零，故式(2-81) 和式(2-83) 相等，然后把式(2-82) 代入，可以得到

$$R = \frac{T_s(U_{cp} - U_o)(U_{cp} - nU_{dc})}{C_s U_{cp}(2nU_{dc} - U_{cp})} \tag{2-84}$$

$$P_{\text{loss,RCD}} = \frac{(U_{\text{cp}} - U_{\text{o}})^2}{R_{\text{s}}} = \frac{C_{\text{s}} U_{\text{cp}} (2nU_{\text{d}} - U_{\text{cp}})(U_{\text{cp}} - U_{\text{o}})}{T_{\text{s}}(U_{\text{cp}} - nU_{\text{dc}})} \tag{2-85}$$

图 2-38 中给出了 R_{s}、U_{cp} 和吸收损耗之间的关系。从图中可以看出，R_{s} 越小，冲击电压 U_{cp} 越低，但吸收损耗越大。

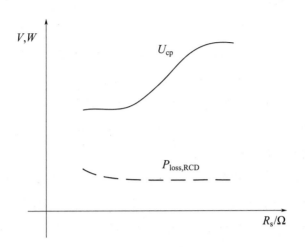

图 2-38　当 R_{s} 变化时的 U_{cp} 和 $P_{\text{loss,RCD}}$ 变化曲线

一般来说，nU_{dc}、U_{o} 和 T_{s} 是已知的，通过测量振铃频率可以估算出 C_{s} 的值，所以只有参数 U_{cp} 和 R 需要确定。一旦确定一个合理的 U_{cp} 值（例如 $1.5 \times nU_{\text{dc}}$），就可以用式(2-84)计算出 R_{s} 以及相应的损耗。如果损耗太高，需增加 U_{cp} 的值来降低损耗。当然也可以先确定吸收损耗，然后用式(2-85)求出 R_{s} 和 U_{cp}，C_{s} 必须大，这样才能近似看作一个理想的电压源。

2.5.2　占空比丢失

DC/DC 可控源电路工作时，受变压器谐振电感的影响，变压器副边电压建立存在延时，逆变器电压输出存在延时，并且输出电压比按占空比计算得到的值有所降低，延时的时间即为占空比丢失[98]。占空比丢失为

$$\Delta D = \frac{t_4 - t_2}{T_{\text{s}}/2} \tag{2-86}$$

由于

$$t_4 - t_2 = \frac{(I_1 + I_2)}{\dfrac{U_{\text{dc}}}{L_{\text{s}}}} \tag{2-87}$$

$$I_1 = n\left(I_L - \frac{\Delta I}{2}\right) \tag{2-88}$$

$$I_2 = n\left[I_L + \frac{\Delta I}{2} - \frac{U_o T_s (1-D)}{2L}\right] \tag{2-89}$$

因此

$$\Delta D = \frac{n}{\frac{U_{dc}}{L_s}\frac{T_s}{2}}\left[2I_L - \frac{U_o}{L}(1-D)\frac{T_s}{2}\right] \approx \frac{4nI_L L_s}{U_{dc} T_s} \tag{2-90}$$

由式(2-90)可以看出，占空比丢失主要受谐振电感L_s、变压器变比n、开关周期T_s、负载电流I_L和输入电压U_{dc}等因素影响。当电路结构确定后，参数L_s、n和T_s保持不变，所以当输入电压U_{dc}变低或者负载电流I_L增大时，占空比丢失会变得更严重。DC/DC可控源电路应确保在占空比丢失最大的情况下，仍能输出所要求的电压。

考虑到输入电压和负载的波动，为了让DC/DC可控源电路输出电压保持不变，电路设计时必须适当减小变压器的变比，提高变压器副边电压的调节范围，但这会使原边电流增大，增加电路损耗和开关管容量。

2.5.3 整流二极管换流

移相软开关可控源电路变压器两个副边绕组所接电路参数相同，工作状态相同，所以分析整流二极管换流时只分析一路的情况。重新画出全波整流电路，如图2-39(a)所示，工作时的主要波形如图2-39(b)所示。

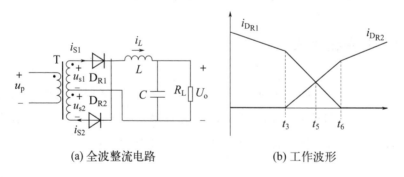

(a) 全波整流电路　　　　(b) 工作波形

图2-39　振铃电压和吸收二极管电流

$$i_{S1} = i_{DR1} \tag{2-91}$$

$$i_{S1} = -i_{DR2} \tag{2-92}$$

在t_3时刻，负载电流流经D_{R1}。在时段$[t_3, t_6]$里，变压器原边电流减小，其副边绕组1的电流也在减小，小于输出滤波电感电流，即$i_{S1} < i_L$，不足以提供负载电流，此时D_{R2}导通，由副边绕组2为负载提供不足部分的电流，即

$$i_{D_{R1}} + i_{D_{R2}} = i_L \tag{2-93}$$

对于全波整流方式，变压器有两个副边绕组，其原副边绕组的电流关系为

$$i_{S1} + i_{S2} = \frac{i_p}{2n} \tag{2-94}$$

由式（2-91）～（2-94）可以解出各个电流的表达式如下：

$$i_{S1} = \frac{i_L + \dfrac{i_p}{n}}{2} \tag{2-95}$$

$$i_{S2} = -\frac{i_L - \dfrac{i_p}{n}}{2} \tag{2-96}$$

$$i_{D_{R1}} = \frac{i_L + \dfrac{i_p}{n}}{2} \tag{2-97}$$

$$i_{D_{R2}} = \frac{i_L - \dfrac{i_p}{n}}{2} \tag{2-98}$$

根据式（2-97）和式（2-98），可以知道整流管的换流情况。

在 $[t_3, t_5]$ 时段，$i_p > 0$，D_{R1} 流过的电流大于 D_{R2} 流过的电流，即

$$i_{D_{R1}} > i_{D_{R2}} \tag{2-99}$$

在 t_5 时刻，$i_p = 0$，两个整流二极管中流过的电流相等，均为负载电流的一半，即

$$i_{D_{R1}} = i_{D_{R2}} = \frac{i_L}{2} \tag{2-100}$$

在 $[t_5, t_6]$ 时段，$i_p < 0$，D_{R1} 中流过的电流小于 D_{R2} 中流过的电流，即

$$i_{D_{R1}} < i_{D_{R2}} \tag{2-101}$$

在 t_6 时刻，$i_p = -ni_L$，D_{R2} 中流过全部负载电流，D_{R1} 中的电流为零，即

$$i_{D_{R2}} = i_L \tag{2-102}$$

$$i_{D_{R1}} = 0 \tag{2-103}$$

此时 D_{R1} 关断，D_{R2} 承担全部负载电流，从而完成整流二极管的换流过程。

2.5.4　软开关条件

移相软开关 DC/DC 可控源电路并非在任何条件下都能使 4 个开关管都工作于软开关状态，而是有条件的。例如在 $t_1 \sim t_2$ 时段内，超前桥臂中 $S_1 \rightarrow S_2$ 的换流，将变压器副边的元器件参数及变量按变比 n 折算到原边，如图 2-40 所示，有

$$i_{Ls} = ni_L \tag{2-104}$$

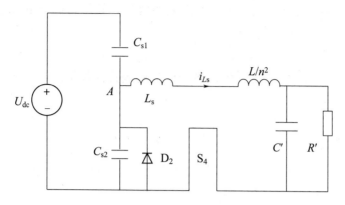

图 2-40　将变压器折算到原边后的等效电路

由于输出滤波电感 L 较大，因此 $L_s + L/n^2$ 更大，而谐振时间很短，在谐振过程中，电流 i_{Ls} 保持不变，因此可将电感 $L_s + L/n^2$ 等效为电流为 $i_{Ls}(t_1)$ 的电流源，和电流源在同一支路相串联的元器件都可以去掉，而不影响对电容 C_{s1} 和 C_{s2} 电压的计算，得到简化等效电路如图 2-41 所示。

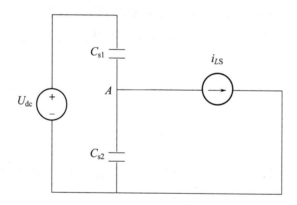

图 2-41　超前桥臂的谐振过程

则电压 $u_A(t)$ 从 U_{dc} 降至零的时长为

$$\Delta t_r = t_2 - t_1 = \frac{U_{dc}(C_{s1} + C_{s2})}{i_{Ls}} \tag{2-105}$$

因 i_L 波动很小，可近似认为 $i_L \approx I_o$，根据式（2-104）有

$$\Delta t_r = \frac{U_{dc}(C_{s1} + C_{s2})}{nI_o} \tag{2-106}$$

通过上面的分析可知，要想在开关管 S_2 开通之前两端电压降为零，超前桥臂换流的死区时间 $\Delta t_1 = t_2 - t_1$ 必须比谐振时间 Δt_r 大，即

$$\Delta t_1 \geqslant \frac{U_{dc}(C_{s1} + C_{s2})}{nI_o} \tag{2-107}$$

这是超前桥臂的零电压开通的条件。

图 2-42 给出了在 $t_3 \sim t_4$ 时段内，滞后桥臂 $S_4 \rightarrow S_3$ 换流过程的等效谐振电路。

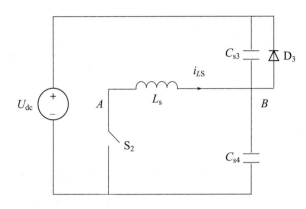

图 2-42 等效谐振电路

若不考虑二极管 D_3 和电源 U_{dc} 支路，电路是一个二阶振荡回路，B 点电压 U_B 的初值为零，$U_B(t)$ 的解析表达式为

$$U_B(t) = U_p \sin \omega_r (t - t_3) \quad t \in [t_3, t_4] \tag{2-108}$$

其中

$$\omega_r = \frac{2\pi}{T_r} = \frac{1}{\sqrt{L_s(C_{s3} + C_{s4})}} \tag{2-109}$$

$$U_p = \sqrt{\frac{L_s}{C_{s3} + C_{s4}} i_{Ls}^2(t_3)} \tag{2-110}$$

从式(2-108)中可以得到滞后桥臂实现零电压开关的条件，它包含两个方面的内容。首先，要使 S_3 能在开通时电压为零，必要条件为

$$U_p \geqslant U_{dc} \tag{2-111}$$

把式(2-110) 代入式(2-111) 得

$$\frac{1}{2} L_s i_{Ls}^2(t_3) \geqslant \frac{1}{2}(C_{s3} + C_{s4}) U_{dc}^2 \tag{2-112}$$

这是滞后桥臂零电压开通的峰值条件。

谐振开始时，谐振电感 L_s 中储存的能量应使电容的谐振电压达到或超过输入电压 U_{dc}。当谐振峰值电压等于输入电压 U_{dc} 时，开关管 S_3 应该在谐振达到峰值时开通，所以滞后桥臂的换流时间应满足：

$$\Delta t_2 = t_4 - t_3 = \frac{1}{4} T_r \tag{2-113}$$

但由于负载电流和输入电压的变化，这个条件很难满足。设计时使谐振峰值电压大于输入电压 U_{dc}，谐振电感上的多余的能量通过反并联二极管回馈到电源，此时滞后桥臂的换流时间应满足：

$$t_4 \leqslant \Delta t_2 \leqslant t_5 \tag{2-114}$$

这是滞后桥臂死区时间的设计原则[99,100]。

2.6 实验

根据给出的海洋电磁发射机参数（见第 6 章），搭建了双极性硬开关和移相软开关 DC/DC 可控源电路。所采用的主要元器件参数如下：

- IGBT 并联电容：0.01μF；
- 输出滤波电容：1000μF；
- 谐振电感：10μH；
- 输出滤波电感：40μH；
- 开关频率：20kHz；
- 开关管 IGBT：FF150R12RT4；
- 高频整流二极管：DPF240×200NA。

从图 2-43 中可以看出，实测曲线（虚线）和预测曲线（实线）在中低频段

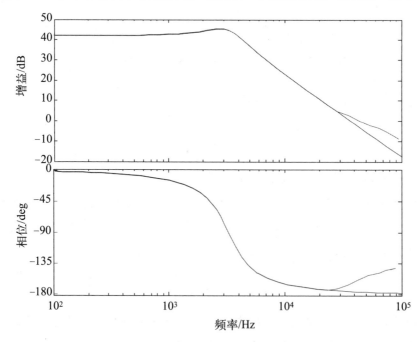

图 2-43　控制-输出传递函数的频率特性曲线

能够很好地拟合，而在高频段，由于没有考虑滤波电容等效电阻引起的高频零点，误差较大，然而高频段对系统的控制影响很小，故所建模型很好地反映了实际电路。

图 2-44 和图 2-45 分别给出了双极性硬开关和移相软开关 DC/DC 可控源电路的驱动波形。对于双极性硬开关电路，控制驱动信号的脉宽即可控制占空比；而对于移相软开关 DC/DC 可控源电路，通过控制超前桥臂和滞后桥臂驱动信号的移相角来控制占空比。

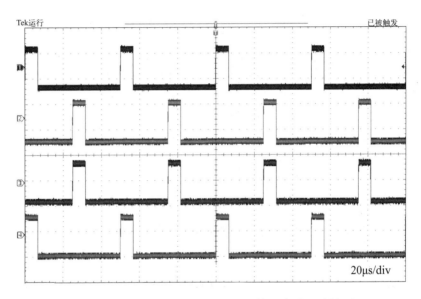

图 2-44　双极性硬开关 DC/DC 可控源电路驱动波形

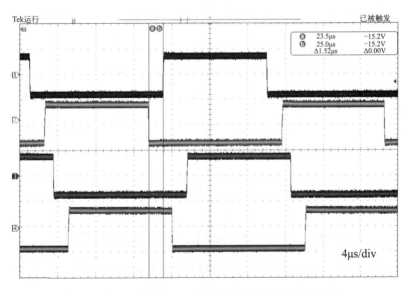

图 2-45　移相软开关 DC/DC 可控源电路驱动波形

从图 2-46 和图 2-47 中可以看出，对于阻感负载，采用双极性硬开关控制时，变压器原边出现反向电压；而采用移相控制时，电压不会反向，由于有电流续流区间，电压和电流波形不同。

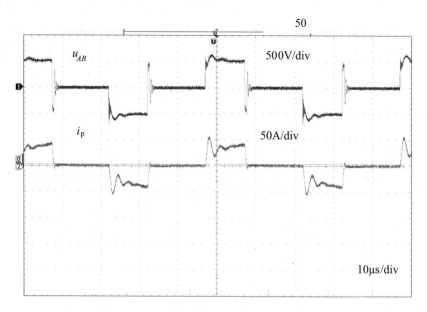

图 2-46　双极性硬开关控制时变压器原边电压和电流波形

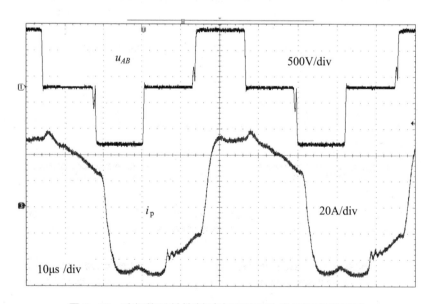

图 2-47　移相软开关控制时变压器原边电压和电流波形

图 2-48 和图 2-49 分别给出了双极性硬开关和移相软开关控制时变压器原边和副边电压波形。采用双极性硬开关控制时，副边没有占空比丢失，而采用移相

软开关控制时，由于变压器漏感的影响，有效占空比小于控制占空比。

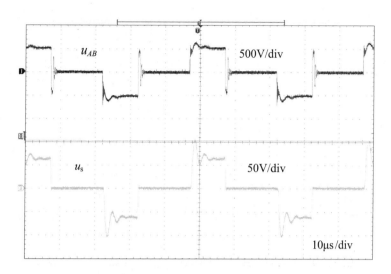

图 2-48 双极性硬开关控制时变压器原边和副边电压波形

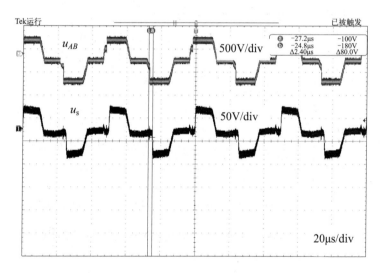

图 2-49 移相软开关控制时变压器原边和副边电压波形

图 2-50 给出了负载阶跃变化时 DC/DC 可控源电路输出电流波形，超调量为 16%，上升时间为 0.1ms，稳定时间为 0.6ms。可以看出，DC/DC 可控源电路采用双闭环控制，系统的动态性能大大提高。

由图 2-51 可以看出，采用移相软开关 DC/DC 可控源电路的发射机整机最大效率为 90%，而采用双极性硬开关 DC/DC 可控源电路的发射机整机最大效率为 83%。

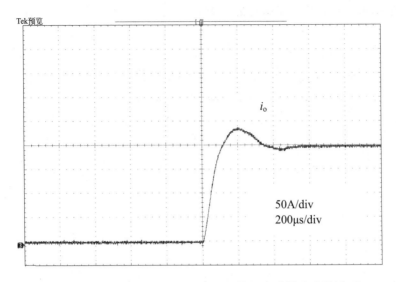

图 2-50　负载阶跃变化时 DC/DC 可控源电路输出电流波形

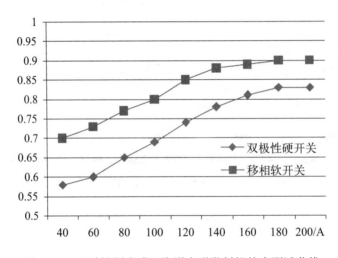

图 2-51　两种控制方式下海洋电磁发射机效率测试曲线

2.7　本章小结

本章主要讨论了海洋电磁发射机的电路结构、控制方式、工作过程、小信号建模、控制系统设计、电路特性等，具体有如下内容。

1）为了满足大功率电磁波发射的需求，选用全桥 DC/DC 变换器设计海洋电磁发射机 DC/DC 可控源电路。对比了双极性硬开关和移相软开关两种控制方式，由于发射机偶极寄生了相当大的电感量，所以选择移相软开关控制方式，避免了逆变电压的反向冲击。

2）移相软开关 DC/DC 可控源电路一个周期内共有 12 种工作状态，直接采用状态空间平均法建立电路的数学模型非常困难。通过分析双极性硬开关和移相软开关 DC/DC 可控源电路工作过程中等效电路的差异，在对双极性硬开关 DC/DC 可控源电路建模基础上，建立了移相软开关 DC/DC 可控源电路的数学模型，并设计了电压电流双闭环控制系统，大大提高了系统的动静态性能。

3）分析了电路特性，包括由变压器漏感和整流二极管寄生电容谐振引起的振铃现象、谐振电感引起的占空比丢失、开关管实现软开关的条件等，实验结果验证了理论分析的正确性。

第 3 章 ≫

ZVZCS DC/DC 可控源电路

从上一章讲述的移相软开关 DC/DC 可控源电路（以下简称 ZVS DC/DC 可控源电路）可以看出，该电路在续流期间存在较大的环流电流，导致变压器和开关器件损耗增加，同时降低了有效占空比[101]。如果能让滞后桥臂工作在 ZCS 关断状态，则功率传递能最大化，并且有效占空比也会增加[102]。为此作者提出了一种 ZVZCS DC/DC 可控源电路，采用非对称移相控制，在变压器原边增加了一个低容值的隔直电容和一个小的饱和电感。由于饱和电感阻断反向电流，实现了超前桥臂和滞后桥臂的 ZCS 开通。在续流期间，原边电流通过小的隔直电容，电压复位并维持在零，实现了滞后桥臂的 ZCS 关断。漏感上储存的能量传递到隔直电容，使隔直电容的电压增加，即使在漏感相对较大的时候，也可以获得一个宽范围的控制占空比。超前桥臂的 ZVS 关断是利用输出滤波电感存储的能量实现的，在很宽的输入和负载范围内都容易实现。

3.1 ZVZCS DC/DC 可控源电路工作过程

3.1.1 电路拓扑结构

ZVZCS DC/DC 可控源电路如图 3-1 所示，由逆变桥、隔直电容、饱和电感、高频变压器、高频整流电路和 LC 滤波电路组成。与 ZVS DC/DC 可控源电路相比，在高频变压器原边串联低容值的隔直电容和小的饱和电感，去掉了滞后桥臂的并联电容，滞后桥臂 S_3 和 S_4 上的反并联二极管可有可无。为了降低续流期间环流电流，设计高频变压器时漏感应尽量小。

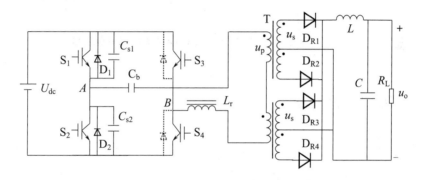

图 3-1 ZVZCS DC/DC 可控源电路

储存在线性电感上的能量和流过电感电流的平方成正比，所以在 ZVS DC/DC 可控源电路中的换流能量和负载电流的平方成正比。如果在 20％负载下获得 ZVS 开关，在满载时的环流能量为开关管并联电容充放电能量的 25 倍[103]。

根据图 3-2 和图 3-3，当流过电感的电流超过了临界电流 I_c 时，饱和电感上

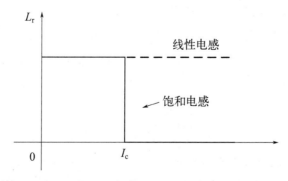

图 3-2 饱和电感和线性电感电感值随电流变化曲线

储存的能量保持不变。如果在设计时使饱和电感在 20％负载电流下达到饱和（$I_c = nI_o/5$），饱和电感能量等于开关管充放并联电容所需能量：

$$\frac{1}{2}L_{r0}I_c^2 = C_sU_{dc}^2 \tag{3-1}$$

则超前桥臂就可以在 20％负载电流以上区间实现 ZVS 开关，采用饱和电感不但可以降低环流能量，而且可以实现超前桥臂宽范围的 ZVS 开关。

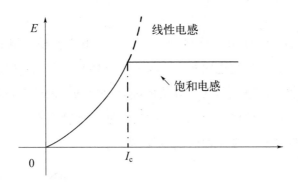

图 3-3　饱和电感和线性电感储存能量随电流变化曲线

3.1.2　工作过程分析

为了说明稳态工作，假设：

1）所有的元器件均是理想的；

2）在不饱和状态下，饱和电感的电感值是无穷的，饱和时为零；

3）在一个开关周期，输出电感足够大，可以看作是一个恒流源。

ZVZCS DC/DC 可控源电路工作波形如图 3-4 所示，驱动信号采用非对称移相方式，超前桥臂的脉宽决定了 ZVZCS DC/DC 可控源电路的控制占空比，滞后桥臂每个周期内互补导通[104]。

在每半个开关周期，共有 5 种工作模式。

模式 0：t_1 时刻，对应图 3-5。开关管 S_1 和 S_4 导通，变压器原边向副边传递功率。在本模式中，饱和电感未退饱和，原边电流向隔直电容充电，电压从反向最大值线性增大。

$$u_{C_b}(t) = \frac{nI_0}{C_b}t - U_{C_{bp}} \tag{3-2}$$

式中，$U_{C_{bp}}$ 为隔直电容电压峰值。

模式 1：$[t_1, t_2]$，对应图 3-6。开关管 S_1 关断，变压器原边的电流给吸收

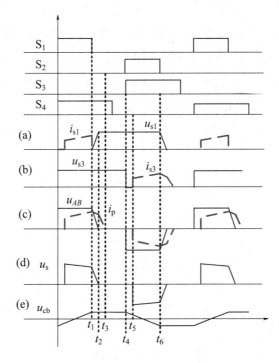

图 3-4 ZVZCS DC/DC 可控源电路工作波形

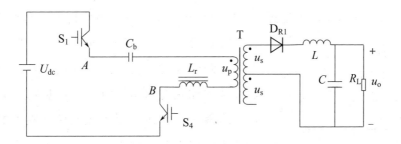

图 3-5 模式 0 等效电路

电容 C_{s1} 充电，吸收电容 C_{s2} 放电。吸收电容 C_{s1} 电压线性增加：

$$u_{C_{s1}}(t) = \frac{nI_0}{C_{s1} + C_{s3}}t \tag{3-3}$$

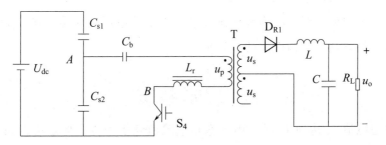

图 3-6 模式 1 等效电路

当 C_{s2} 放电为零时，二极管 D_2（S_2 的反并联二极管）导通，所以在 $t_2 \sim t_5$ 时间段开通 S_2，均可实现 S_2 的软开关，这表明非对称移相 PWM 控制是可行的。由于 S_1 外接并联电容，两端电压缓慢上升，S_1 的关断损耗大大减少。

模式2：$[t_2, t_3]$，对应图3-7。反并联二极管 D_2 开始导通，电压 u_{AB} 箝位为零，进入续流时段。隔直电容两端的电压比输入电压低得多，并施加于变压器漏感两端。在这种模式中，隔直电容可看作一个恒压源，原边电流线性减小：

$$i_p(t) = nI_0 - \frac{U_{C_{bp}}}{L_{lk}}t \qquad (3\text{-}4)$$

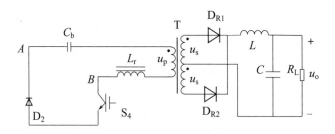

图 3-7　模式 2 等效电路

因此，储存在漏感中的能量传递到隔直电容。变压器原边电流折算到副边的电流和滤波电感电流之差通过二极管整流桥续流。饱和电感仍处于饱和状态。

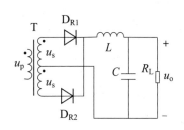

图 3-8　模式 3 等效电路

模式3：$[t_3, t_4]$，对应图3-8。当变压器原边电流降到零时，它将试图变负，然而饱和电感已经从饱和状态退出，阻止电流反向，原边电流保持为零，S_4 实现了零电流关断。隔直电容电压全部施加到饱和电感上。在这个模式中，隔直电容可以看作一个电压源，变压器副边输出电压为零，整流二极管进入续流状态。

模式4：$[t_4, t_5]$，对应图3-9。给开关管 S_2 和 S_3 施加开通信号，由于饱和电感在较短的时间内不会饱和，原边电流不能突然增加，滞后桥臂实现了 ZCS 开通。在变压器原边回路，饱和电感和变压器漏感电压之和等于输入电压和隔直电容峰值电压之和，原边电流线性增加。

$$i_p(t) = \frac{U_{dc} + U_{C_{bp}}}{L_{c0} + L_{lk}}t \qquad (3\text{-}5)$$

当原边电流 i_p 达到 I_{c0} 时，由于饱和电感值几乎为零，原边电流迅速增加到负载电流在原边的折算值，可以看出该电路中占空比丢失很小。

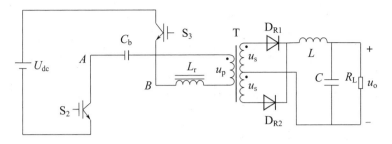

图 3-9　模式 4 等效电路

模式 5：$[t_5,\ t_6]$，对应图 3-10。开关管 S_2 和 S_3 导通，输入功率传递到输出端，变压器副边电压上负下正，二极管 D_{R2} 开通，二极管 D_{R1} 关断，饱和电感进入饱和，同时向隔直电容充电，两端电压从正向最大值线性减小。

$$u_{C_b}(t)=U_{C_{bp}}-\frac{nI_0}{C_b}t \tag{3-6}$$

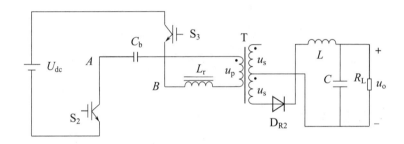

图 3-10　模式 5 等效电路

这时前半周期结束，后半周期重复前半周期的工作过程。此电路实现了超前桥臂的 ZCS 开通和 ZVS 关断以及滞后桥臂的 ZCS 开关。

3.2　ZVZCS 可控源电路小信号建模

根据第 2 章对 ZVS DC/DC 可控源电路建模过程和 ZVZCS DC/DC 可控源电路工作过程的分析可知，两种电路共同点就是由于电感（ZVS DC/DC 可控源电路中为谐振电感，ZVZCS DC/DC 可控源电路中为饱和电感）的作用，变压器原边电流不能发生突变，电流上升率受输入电压、负载电流、电感、开关频率等因素的影响，不同点是受这些因素影响的时间不同。下面重新画出 ZVS 和 ZVZCS DC/DC 可控源电路变压器原边电压、电流和副边电压的波形，如图 3-11 所示。

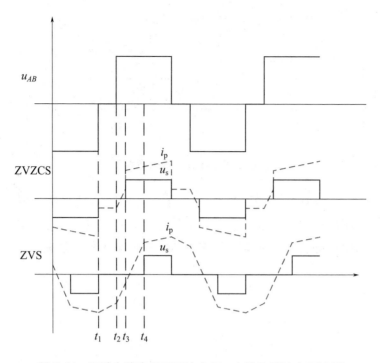

图 3-11　两种电路变压器原边电压、电流和副边电压波形

3.2.1　占空比丢失

从图 3-11 中看出，在 $t_1 \sim t_3$ 这段时间，变压器副边被短接，其副边电压为零，原边电流从反向最大值增加到正向最大值，增加的斜率为 U_{dc}/L_{c0}，这个增加过程导致副边占空比损失，有效电压占空比 D_{eff} 为

$$D_{eff} = D - \Delta D \tag{3-7}$$

式中，D 为控制占空比，ΔD 为丢失的占空比。占空比丢失 ΔD 为

$$\Delta D = \frac{4 I_c L_{c0} f_s}{U_{dc}} \tag{3-8}$$

式中，L_{c0} 为饱和电感未饱和时的电感值，I_c 为使饱和电感进入饱和的电流临界值。

由式(3-8)可知，占空比丢失受饱和电感电流值 I_c、饱和电感值 I_{c0}、开关频率 f_s 和输入电压 U_{dc} 的影响。为了精确建立系统的数学模型，需要确定 I_c、f_s、$\hat{u}_{dc}$、$\hat{d}$ 对 $\hat{d}_{eff}$ 的影响。然而当电路结构确定后，饱和电感电流值 I_c、饱和电感值 L_{c0}、开关频率 f_s 保持不变，因此下面主要讨论输入电压变化对占空比的影响。

3.2.2 输入电压变化对占空比影响

如图 3-12 所示，稳态工作情况在图中以实线表示，当直流输入电压增加扰动 $\hat{u}_{dc}$ 时，变压器原边电流的变化率增大，如图中虚线所示，与扰动前相比，原边电流达到饱和值 I_c 的时间更短，从而使变压器副边有效占空比 d_{eff} 增加。变化的时间 Δt 为

$$\Delta t = 2I_c \left(\frac{L_{c0}}{U_{dc}} - \frac{L_{c0}}{U_{dc} + \hat{u}_{dc}} \right) = 2I_c \hat{u}_{dc} \frac{L_{c0}}{U_{dc}(U_{dc} + \hat{u}_{dc})} \tag{3-9}$$

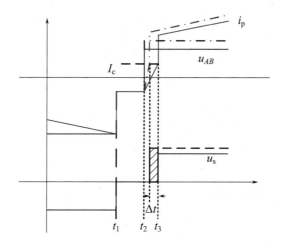

图 3-12　输入电压扰动对占空比的影响

由于 $U_{dc} \gg \hat{u}_{dc}$，Δt 近似为

$$\Delta t = 2I_c \hat{u}_{dc} \frac{L_{c0}}{U_{dc}^2} \tag{3-10}$$

由 $\hat{u}_{dc}$ 引起的变压器副边有效占空比的变化为

$$\hat{d}_u = \frac{\Delta t}{T_s/2} = \frac{4f_s L_{c0} I_c}{U_{dc}^2} \hat{u}_{dc} \tag{3-11}$$

式(3-11) 也可以写成

$$\hat{d}_u = \frac{R_d I_L}{n U_{dc}^2} \hat{u}_{dc} \tag{3-12}$$

式中，$R_d = 4n^2 L_{c0} I_c f_s / I_L$。输入电压变化的方向和有效占空比变化的方向相同，输入电压变化的影响等同于电压正反馈。由公式(3-12) 可以看出，这种效果也相当于在电路的输出侧增加了一个阻抗 R_d，给系统带来一个附加的阻尼，减小了电路输出的谐振峰值，但同时也降低了直流增益。

3.2.3 小信号模型

由上述分析可得

$$\hat{d}_{\text{eff}} = \hat{d} + \hat{d}_u \tag{3-13}$$

图 3-13 给出了 ZVZCS DC/DC 可控源电路的小信号电路模型。$\hat{d}_u$ 的作用由两个受控源表示，一个是受控电压源 $nU_{\text{dc}}\hat{d}_u$，一个是受控电流源 $\dfrac{nU_{\text{dc}}}{R}\hat{d}_u$，表明不是由电路本身决定，$\hat{d}$ 的作用由两个独立源代替。

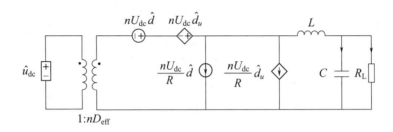

图 3-13 ZVZCS DC/DC 可控源电路的小信号模型

（1）控制-输出传递函数

由图 3-13 所示的 ZVZCS DC/DC 可控源电路的小信号模型，可以得到系统的控制-输出传递函数为

$$
\frac{u_o(s)}{\hat{d}_{\text{eff}}(s)} = \frac{\dfrac{1}{Cs}//R_{\text{L}}}{\dfrac{1}{Cs}//R_{\text{L}} + (Ls + R_{\text{d}})} nU_{\text{dc}}
$$

$$
= \frac{nU_{\text{dc}}}{LCs^2 + s\left(\dfrac{L}{R_{\text{L}}} + R_{\text{d}}C\right) + \dfrac{R_{\text{d}}}{R_{\text{L}}} + 1} \tag{3-14}
$$

从式（3-14）可以看出，ZVZCS 可控源电路的控制-输出传递函数表达式与 ZVS 可控源电路相同，只是参数 R_{d} 的取值不同。从图 3-14 中给出的两种频率特性曲线可以看出，R_{d} 取值不同，导致低频段增益不同。

（2）控制-滤波电感电流传递函数

$$
G_{id}(s) = \frac{nU_{\text{dc}}\left(Cs + \dfrac{1}{R_{\text{L}}}\right)}{LCs^2 + \left(\dfrac{L}{R_{\text{L}}} + R_{\text{d}}C\right)s + \dfrac{R_{\text{d}}}{R_{\text{L}}} + 1} \tag{3-15}
$$

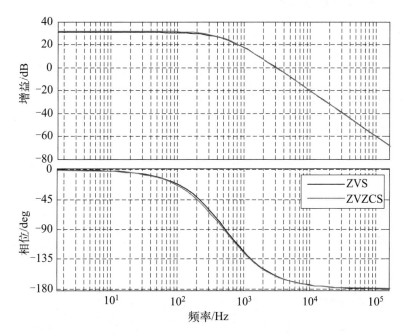

图 3-14　控制-输出传递函数伯德图

图 3-15 中给出了 ZVS DC/DC 可控源电路和 ZVZCS DC/DC 可控源电路的控制-滤波电感电流传递函数的频率特性曲线。

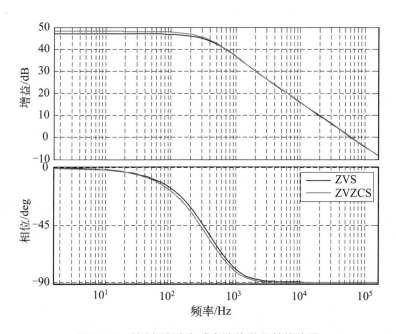

图 3-15　控制-滤波电感电流传递函数伯德图

（3）输入-输出传递函数

$$G_{vg}(s) = \frac{nD}{LCs^2 + \left(\dfrac{L}{R_L} + R_d C\right)s + \dfrac{R_d}{R_L} + 1} \tag{3-16}$$

图 3-16 中给出了 ZVS DC/DC 可控源电路和 ZVZCS DC/DC 可控源电路的输入-输出传递函数的频率特性曲线。

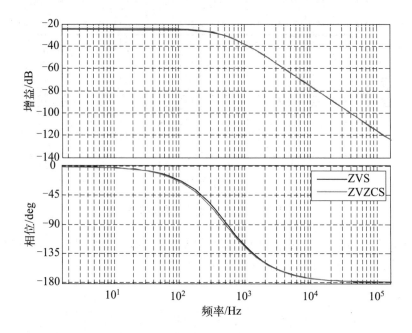

图 3-16　输入-输出传递函数伯德图

（4）开环输入阻抗

$$Z(s) = \frac{1}{n^2 D^2} \frac{LCs^2 + \left(\dfrac{L}{R_L} + R_d C\right)s + \dfrac{R_d}{R_L} + 1}{sC + \dfrac{1}{R_L}} \tag{3-17}$$

图 3-17 中给出了 ZVS DC/DC 可控源电路和 ZVZCS DC/DC 可控源电路的开环输入阻抗传递函数的频率特性曲线。

（5）开环输出阻抗

$$Z_o(s) = \frac{sL + R_d}{LCs^2 + \left(\dfrac{L}{R_L} + R_d C\right)s + \dfrac{R_d}{R_L} + 1} \tag{3-18}$$

图 3-18 中给出了 ZVS DC/DC 可控源电路和 ZVZCS DC/DC 可控源电路的开环输出阻抗传递函数的频率特性曲线。

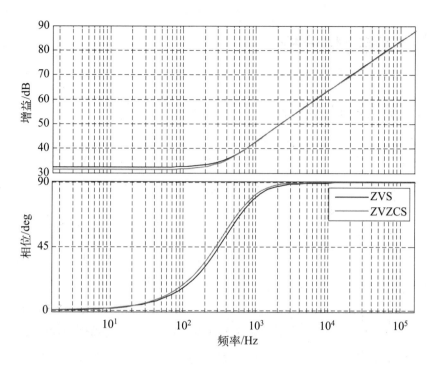

图 3-17　开环输入阻抗传递函数伯德图

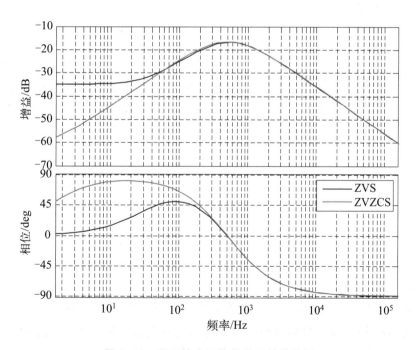

图 3-18　开环输出阻抗传递函数伯德图

3.3 电路特性分析

3.3.1 最大控制占空比

以开关管 S_1 和 S_4 向 S_2 和 S_3 换流为例，根据图 3-19，ZVZCS DC/DC 可控源电路的最大占空比如下：

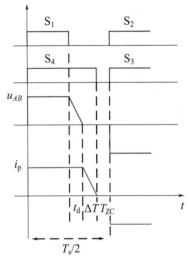

$$D_{\max} = 1 - \frac{t_d + \Delta T + T_{ZC}}{T/2} \qquad (3\text{-}19)$$

式中，t_d 为模式 1 的时间段，ΔT 为模式 2 的时间段，T_{ZC} 为模式 3 的时间段。

为了降低超前桥臂 IGBT 的关断损耗，在开关管上外并电容，在 IGBT 关断过程中，其两端电压缓慢增加，变压器原边电压 u_{AB} 从 U_{dc} 开始线性减小，减到零所需要的时间为[105]

$$t_d = U_{dc}\frac{C_{S1} + C_{S2}}{nI_0} \qquad (3\text{-}20)$$

在轻载时，t_d 增加，最大占空比将减小。

如果隔直电容足够大，可以认为是一个恒压源，在模式 2 中有

图 3-19　逆变输出电压和
原边电流波形

$$\Delta T = \frac{nI_0 L_{lk}}{U_{C_{bp}}} \qquad (3\text{-}21)$$

$$U_{C_{bp}} = \frac{nI_0 D T_s}{4C_b} \qquad (3\text{-}22)$$

把式（3-22）代入式（3-21）可得

$$\Delta T = \frac{4L_{lk}C_b}{DT_s} \qquad (3\text{-}23)$$

从式（3-23）可以看出，ΔT 独立于负载电流，与占空比成反比。为了最大化占空比的控制范围，漏感应最小化。然而隔直电容的体积不能无限制减小，因为它的峰值电压在增加，这就迫使漏感和隔直电容中的环流能量增加，并使饱和电感的体积增加，产生相当大的磁芯损耗。因此，最大占空比控制范围、隔直电容体积应根据实际情况进行平衡。T_{ZC} 为滞后桥臂上下 IGBT 开关控制的死区时

间，T_{zc} 应比 IGBT 少数载流子的复合时间长，防止上下桥臂同时导通[106-108]。

3.3.2 原边电流复位和隔直电容

原边电流复位是指超前桥臂关断至原边电流降为零的过程，这个过程的时间与施加在变压器漏感上的反向电压有关，反向电压可以使滞后桥臂上的两个开关管实现 ZCS 关断。当 S_4 和 D_2 导通时，逆变桥输出电压 u_{AB} 为零，隔直电容上峰值电压 $U_{C_{bp}}$ 施加到变压器漏感上，原边电流为

$$i_p(t) = I_{p0} - \frac{U_{C_{bp}}}{L_{lk}}t \tag{3-24}$$

式中，$I_{p0} = nI_0$。可以看出，原边电流复位时间主要受 I_{p0}、$U_{C_{bp}}$ 和 L_{lk} 影响，由于 I_{p0} 和 L_{lk} 为常数，复位时间 ΔT 与 $U_{C_{bp}}$ 成正比。所以，隔直电容电压 $U_{C_{bp}}$ 越大，ΔT 越小。然而，隔直电容电压越高，变压器上能量损耗越大。根据式(3-22)可得隔直电容的大小为

$$C_b = \frac{nI_0DT_s}{4U_{C_{bp}}} \tag{3-25}$$

3.3.3 占空比丢失

由于 ZVS DC/DC 可控源电路是利用谐振电感对开关器件并联电容充放电实现 ZVS 开通的，所以必须保证谐振电感足够大，才能在一个较宽负载范围实现 ZVS 开关。由 3.2.1 分析可知，ZVZCS DC/DC 可控源电路中变压器漏感越小越好。两种 DC/DC 可控源电路变压器原副边电压电流波形如图 3-20 所示。对于 ZVZCS DC/DC 可控源电路，在 t_2 时刻，饱和电感电流达到临界饱和值，饱和电感开始饱和，然后饱和电感电流迅速上升，达到负载电流折算到原边的值，同时变压器副边电压也跳变到 nU_{dc}。ZVZCS DC/DC 可控源电路的占空比丢失为

$$\Delta D_{ZCZVS} = t_3 - t_2 \tag{3-26}$$

ZVS DC/DC 可控源电路的占空比丢失为

$$\Delta D_{ZVS} = t_4 - t_2 \tag{3-27}$$

从图 3-20 可以明显看出，ZVZCS DC/DC 可控源电路有效降低了占空比丢失。

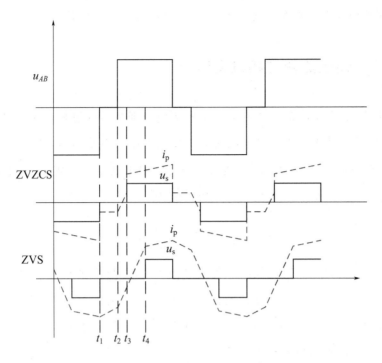

图 3-20 两种 DC/DC 可控源电路变压器原副边电压电流波形

3.3.4 开关损耗

(1) 超前桥臂的开关损耗

由于超前桥臂在 ZCS 下开通,开通损耗为零,如图 3-21(a) 所示。超前桥臂 IGBT 关断过程存在拖尾电流,IGBT 集射极电压和射极电流出现重叠部分,产生开关功率损耗。IGBT 集射极电压的上升速率依赖于并联吸收电容和流过它的电流,通过增加 IGBT 的并联吸收电容值,可以减小开关管两端电压的上升速率,但会影响最大控制占空比。

(2) 滞后桥臂的开关损耗

对于滞后桥臂,在 IGBT 开通之前,饱和电感不会立即饱和,原边电流保持在零,不会产生开通损耗,实现了 ZCS 开通,如图 3-21(b) 所示。在 IGBT 关断时,由于饱和电感退饱和,流过 IGBT 的电流降为零,滞后桥臂也能实现 ZCS 关断。另外,对于低速 IGBT,由于拖尾电流大,只要续流周期足够长,让大多数少数载流子复合,就可以工作在高频场合[109]。

表 3-1 给出了 ZVS DC/DC 可控源电路和 ZVZCS DC/DC 可控源电路中开关管的开关条件,ZVS 表示零电压开关,ZCS 表示零电流开关。

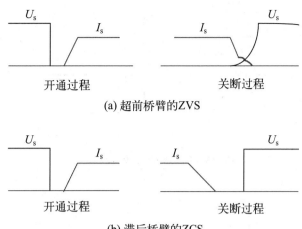

(a) 超前桥臂的ZVS

(b) 滞后桥臂的ZCS

图 3-21　IGBT 的 ZVZCS 波形

表 3-1　开关管开关条件

可控源电路类型	开关（桥臂）	开通	关断
ZVZCS DC/DC 可控源电路	S_1/S_2（超前）	ZCS	ZVS
	S_3/S_4（滞后）	ZCS	ZCS
ZVS DC/DC 可控源电路	Q_1/Q_2（超前）	ZVS	ZVS
	Q_3/Q_4（滞后）	ZVS	ZVS

3.3.5　环流能量

在 ZVS DC/DC 可控源电路的整个续流期间，原边漏感电流值需要维持在输出电流的原边折算值，以实现滞后桥臂的 ZVS，这就意味着大部分输出电流通过原边续流，如图 3-22(a) 所示。在续流期间，原边电流在两个原边开关和变压器上产生导通损耗，所以电路效率降低。另外，为获得一个合理的 ZVS 范围，需增大变压器漏感，造成占空比丢失，因此整个效率进一步下降。

在 ZVZCS DC/DC 可控源电路中，原边续流电流大大减小，如图 3-22(b) 所示，占空比丢失也可以忽略。由于漏感不需要太大，原边开始向副边传递能量时，饱和电感迅速饱和。ZVZCS DC/DC 可控源电路的副边电压 u_s 不是一个方波，但是平均值和 ZVS DC/DC 可控源电路是一样的[110]。

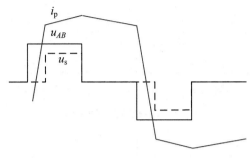

(a) ZVS DC/DC可控源电路

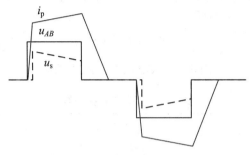

(b) ZVZCS DC/DC可控源电路

图 3-22　原边电压和电流以及副边电压的波形比较

3.4　仿真与实验

本节首先给出了饱和电感的设计方法和仿真模型，然后对所提出的 ZVZCS DC/DC 可控源电路进行仿真和实验验证。

3.4.1　饱和电感的设计与仿真

为了让饱和电感具有明显的磁饱和点，选用的磁芯应该具备起始磁导率大、磁滞曲线矩形比高等特性。常用的磁芯材料有硅钢片、铁氧体、非晶硅等，其中硅钢片一般用在工频条件下，另外采用硅钢片做成的电感重量太大。若饱和电感采用非晶硅磁芯，饱和导通时损耗大，发热严重。所以选取铁氧体作为饱和电感的磁芯，其具有很好的高频性能。电感线圈匝数计算公式为

$$N = \frac{U_{dc} \Delta t}{S_e \Delta B} \tag{3-28}$$

式中，Δt 为延迟时间；ΔB 为变化磁通密度；S_e 为磁芯横截面积。

带磁芯电感计算公式为

$$L = \frac{k \mu_0 \mu_r N^2 S}{l} \tag{3-29}$$

式中，k 为系数，由 $2R/l$ 决定；μ_0 为真空磁导率；μ_r 为相对磁导率；N 为匝数；S 为电感截面积；l 为磁路长度。

当饱和电感未进入饱和时，磁芯的相对磁导率最大为 2000，电感值最大为 $20\mu H$；当饱和电感进入饱和时，相对磁导率约为 3～4，饱和电感约为 $0.1\mu H$。

为了降低饱和电感饱和导通时产生的热量，通常采用几个磁芯串在一起，相互之间留一定间隙的绕制方法[111]，实验中采用四个磁芯串联绕制饱和电感。

按图 3-23 建立饱和电感仿真模型，电压控制电流源 G 以及电容 C_B 实现对输入电压的积分；设置电容初始值，使得磁芯可以拥有一个初始磁通，来自电流控制电流源 F 的输出电流，则由电压源 U_N 和 U_P 以及二极管 D_1 和 D_2 进行整形，成为磁通的函数。在高磁导率区域，电感正比于 R_B，而在饱和区域，电感则正比于 R_s，电压源 U_P 和 U_N 代表饱和磁通。磁芯损耗可以通过在输入端口上跨接附加电阻 R_X 来模拟。

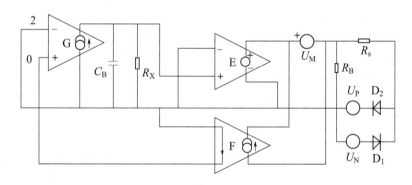

图 3-23　饱和电感的仿真模型

磁芯损耗将随着频率线性增加。当磁芯存在饱和时，磁动势将发生显著的增加，这种效应在方波激磁的情况下要比正弦波激磁的情况更为严重。图 3-24 给出了采用 OrCAD/PSpice 软件搭建的饱和电感验证电路，图 3-25 给出了方波激励下的饱和磁芯模型。从模型表现的这些特性可以看出，同实际观测到的行为十分吻合。

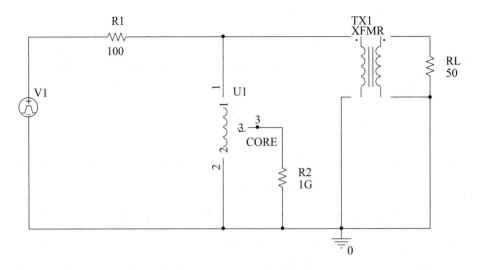

图 3-24　饱和电感的仿真测试电路

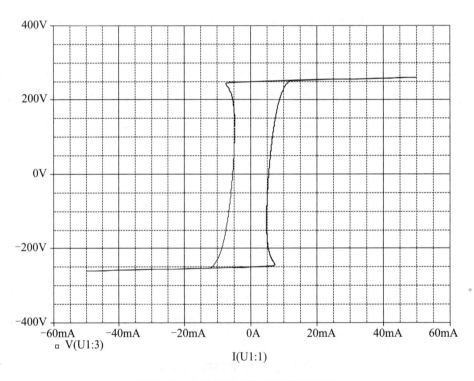

图 3-25　方波激励下的饱和磁芯模型

3.4.2　电路仿真

采用 OrCAD/PSpice 软件[112]搭建电路的仿真模型，如图 3-26 所示。电路参数如下：

- 输入电压：500V；

- 输出电压：30V；

- 开关管：CM150DY-24H；

- 高频整流二极管：MUR20020CT。

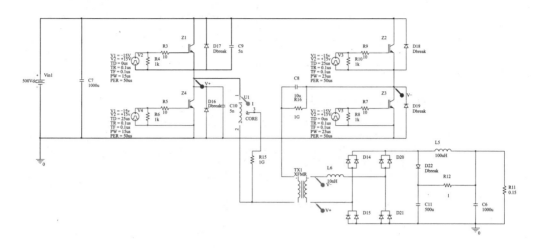

图 3-26　ZVZCS DC/DC 可控源电路的仿真模型

利用脉冲信号源形成四路非对称移相 PWM 波，驱动四路 IGBT 工作，如图 3-27 所示。在变压器的原边分别串入了低容值的隔直电容和小的饱和电感，实现超前桥臂的 ZCS 开通和 ZVS 关断以及滞后桥臂的 ZCS 开关。

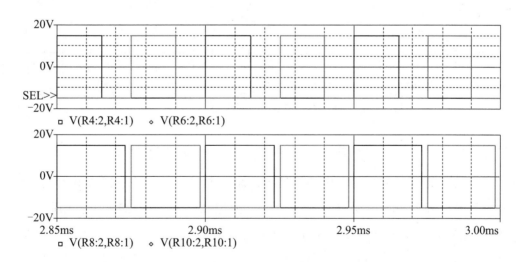

图 3-27　逆变桥的四路驱动波形

在不同的漏感下变压器原边电流和电压的波形如图 3-28 和图 3-29 所示。漏感增加，滞后桥臂的关断时间延长，原边电流复位时间随之增加，甚至无法实现零电流关断，同时增大了电路损耗，所以在 ZVZCS DC/DC 可控源电路中，变压器漏感应尽量小。

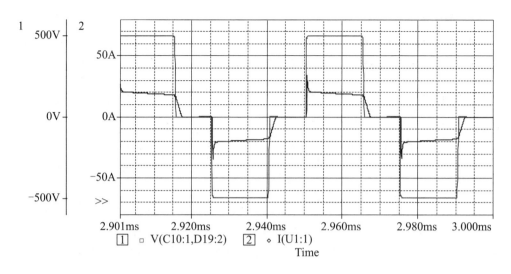

图 3-28　变压器原边电流和电压波形（L_{lk} = 1 μH）

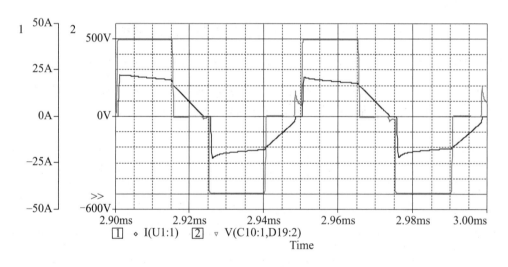

图 3-29　变压器原边电流和电压波形（L_{lk} = 10 μH）

从图 3-30 可以看出占空比丢失很小，此时占空比丢失等于饱和电感从未饱和到饱和过程的时间，所以只要饱和电感的饱和时间大于 IGBT 的开通时间，IGBT 就可以实现 ZCS 开通。由于 IGBT 开通时间很短，所以占空比丢失很小。从图 3-31 给出了逆变输出电压和隔直电容电压的波形，从图中可知，当变压器原边向副边传递能量时，隔直电容电压线性变化，逆变输出电压降为零后，隔直电容电压不变，近似恒压源，使原边电流尽快降为零，实现滞后桥臂的 ZCS关断。

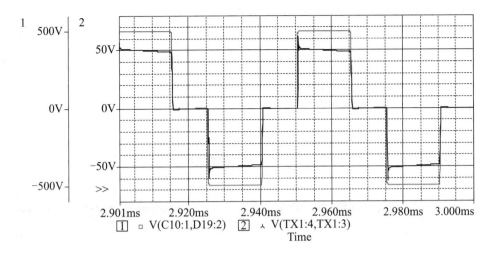

图 3-30　逆变输出电压和变压器副边电压波形

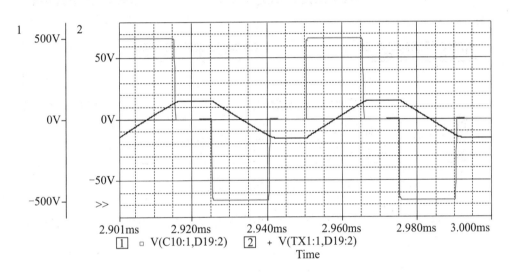

图 3-31　逆变输出电压和隔直电容电压的波形

3.4.3　实验

海洋电磁发射机 ZVZCS DC/DC 可控源电路的元器件参数如下：

- 隔直电容：$10\mu F$；
- 超前 IGBT 并联电容：10nF；
- 输出滤波电感：$40\mu H$；
- 输出滤波电容：$1000\mu F$；
- 开关频率：20kHz；
- 开关管 IGBT：FF150R12RT4；

● 高频整流二极管：DPF240×200NA。

图 3-32 中给出了 ZVZCS DC/DC 可控源电路中逆变桥的四个 IGBT 的驱动信号波形。超前桥臂和滞后桥臂在同一时刻开通，关断时刻不同。超前桥臂驱动信号采用脉宽调制，而滞后桥臂驱动信号保持最大值不变，满足了负载大范围内功率调节要求。

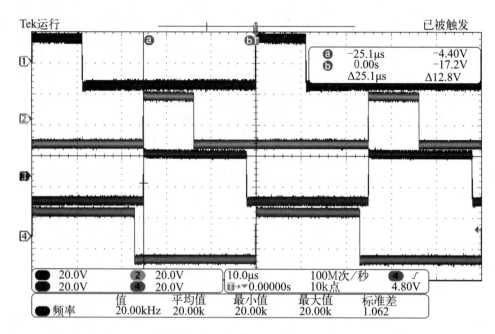

图 3-32　逆变桥的四路 PWM 驱动波

图 3-33 中给出了 ZVZCS DC/DC 可控源电路逆变输出电压、变压器副边电

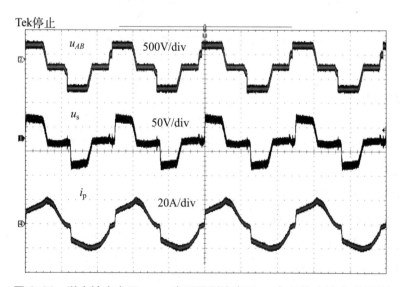

图 3-33　逆变输出电压 u_{AB}、变压器副边电压 u_s 与原边电流 i_p 的波形

压和原边电流波形，其与理论分析吻合。IGBT 开通后饱和电感迅速饱和，占空比丢失大大减小。由于滞后桥臂上 IGBT 寄生电容的存在，波形边沿有一个短时间的突变。

图 3-34 和图 3-35 中分别给出了 ZVZCS DC/DC 可控源电路超前桥臂和滞后桥臂两端电压和变压器原边电流波形。与 ZVS DC/DC 可控源电路相比，ZVZCS DC/DC 可控源电路实现了超前桥臂的 ZCS 开通和 ZVS 关断，以及滞后桥臂的 ZCS 开关，开关损耗进一步降低。

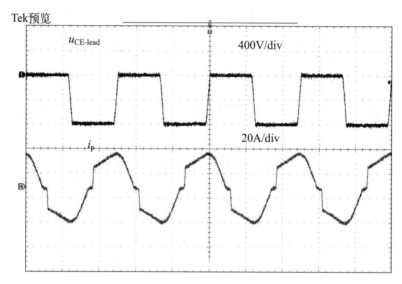

图 3-34　超前桥臂两端电压和变压器原边电流波形

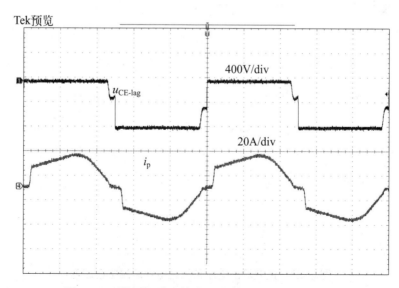

图 3-35　滞后桥臂两端电压和变压器原边电流波形

图 3-36 中给出了 ZVZCS DC/DC 可控源电路变压器原边电压和电流波形。

从图中可以看出，ZVZCS DC/DC 可控源电路的变压器原边电流在滞后桥臂开通前很快降为零，实验结果和理论分析一致，降低了环流损耗。

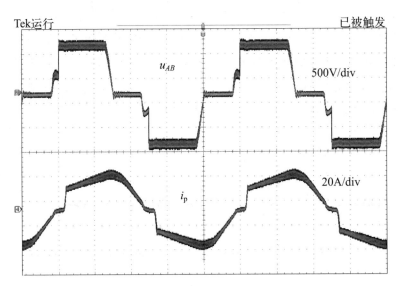

图 3-36　变压器原边电压和电流波形

图 3-37 中给出了逆变输出电压和隔直电容两端电压波形，从图中可以看出，当原边向副边传递能量时，隔直电容电压线性变化，当逆变输出电压降为零时，隔直电容电压不变，近似恒压源，使原边电流尽快降为零，实现滞后桥臂的 ZCS 关断。

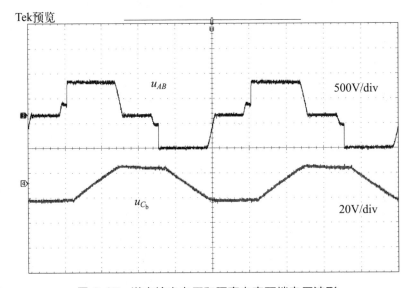

图 3-37　逆变输出电压和隔直电容两端电压波形

图 3-38 中给出了采用 ZVZCS DC/DC 可控源电路和 ZVS DC/DC 可控源电路的海洋电磁发射机效率测试曲线。采用 ZVZCS DC/DC 可控源电路的海洋电磁发

射机最大效率为 94%，而采用 ZVS DC/DC 可控源电路的海洋电磁发射机最大效率为 90%。而采用 ZVZCS DC/DC 可控源电路的海洋电磁发射机的效率受负载变化影响较小。

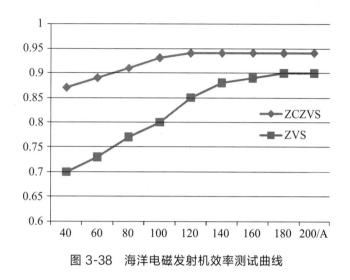

图 3-38　海洋电磁发射机效率测试曲线

3.5　本章小结

本章针对 ZVS DC/DC 可控源电路存在开关损耗和环流电流大、占空比丢失严重、效率低等问题，提出了一种 ZVZCS DC/DC 可控源电路，并分析了其电路结构、工作模态、电路特性等，具体内容如下。

1）分析了 ZVZCS DC/DC 可控源电路的工作过程。与 ZVS DC/DC 可控源电路相比，ZVZCS DC/DC 可控源电路在变压器原边增加了一个饱和电感和一个隔直电容，电路工作时一个开关周期共有 10 个工作模式。从电路工作过程分析可知，其实现了超前桥臂 ZCS 开通和 ZVS 关断以及滞后桥臂 ZCS 开关。

2）分析了 ZVZCS DC/DC 可控源电路的特性，主要包括最大控制占空比、变压器原边电流复位和隔直电容、占空比丢失、开关损耗以及环流能量。与 ZVS DC/DC 可控源电路相比，ZVZCS DC/DC 可控源电路降低了开关损耗和占空比丢失，提高了变换效率。

3）采用 OrCAD/PSpice 软件对饱和电感和 ZVZCS DC/DC 可控源电路进行了仿真，给出了实验结果。与 ZVS DC/DC 可控源电路相比，ZVZCS DC/DC 可控源电路环流电流小，开关损耗低，效率明显提高。

第 4 章 >>>

三电平 DC/DC 可控源电路

　　目前海洋电磁发射机 DC/DC 可控源电路输入采用二极管不控整流和电容滤波，谐波含量大，功率因数低，影响其他用电设备的安全工作。解决这一问题的方法是功率因数校正（PFC），使输入电流接近正弦波，并且和输入电压同相位。常用的单相有源功率因数校正电路为 Boost 电路，母线直流电压升高至 800～1000V，此时若仍采用两电平 DC/DC 可控源电路，必须提高开关管容量，这样会导致开关频率降低，变压器和滤波器件体积增大，电能变换效率降低，不能满足海洋勘探需求。本章介绍了一种全桥三电平 DC/DC 可控源电路，变压器副边有三组绕组，为了提高输出电流，采用两个降压绕组并联整流输出；换流电感串接在第三个降压绕组上，空载或轻载时换流电感向滞后桥臂提供换流能量，这样在整个功率范围内开关管均可实现软开关，同时减小了输入和输出滤波器的体积。

4.1 功率因数校正

图 4-1 给出了海洋电磁发射机水下电路结构，DC/DC 可控源电路的输入采用二极管整流及电容滤波，此种整流方式电路简单、工作可靠，得到广泛应用。由于只有输入交流电压大于电容电压时，交流侧才向直流侧传输电流，此电流是一个脉冲波形。负载越轻或电容越大，电流脉冲越窄。通过傅里叶分析可知，畸变率越大，谐波含量越高。图 4-2 给出了采用电阻负载时输入电压和电流的波形。此种电路功率因数一般低于 0.7，总谐波含量（THD）可达 $100\%\sim150\%$，严重影响输电线上其他用电设备[113,114]。

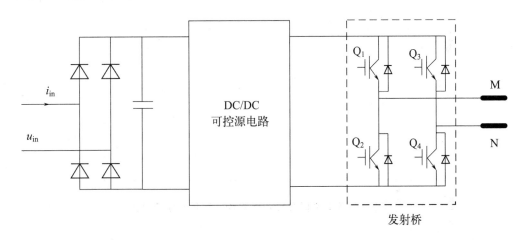

图 4-1　海洋电磁发射机水下电路示意图

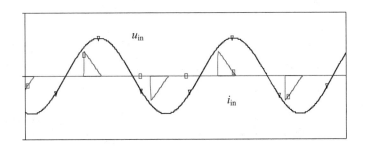

图 4-2　采用电阻负载时输入电压和电流波形

要想降低输入电流的谐波含量，使电流接近正弦波，提高电路功率因数，需采用功率因数校正电路。常用的功率因数校正电路分为无源和有源两种。无源功率因数校正电路是在整流电路中增加一个无源器件，比如电感、电容、二极管等，对电流的峰值和宽度进行控制，降低电流峰值或增加电流宽度即可降低电流中的谐波成分[115]。这种电路的好处是电路简单、不需要控制，但无源器件尤其是电容体积庞大，不适合海洋电磁发射机功率因数校正电路。

有源功率因数校正电路利用有源开关对输入电流实施控制，减少电流中的谐波含量，使电流接近正弦波且与输入电压同相位，如图 4-3 所示，可以有效提高功率因数。有源功率因数校正电路可以使总谐波含量降至 5% 以下，功率因数达到 0.995，从而彻底解决整流电路的谐波污染和功率因数低的问题[116]。目前常用的单相有源功率因数校正电路为升压型斩波电路，如图 4-4 所示，该电路可靠性高、易于实现[117]。由于升压型斩波电路具有升压作用，母线电压可升高至 800～1000V，采用前面讲述的两电平 DC/DC 可控源电路已不能满足要求，因此采用三电平电路，每个开关管承受输入电压的二分之一，开关管的电压应力大大降低。由于输入输出电平数增多，滤波器件的体积也明显减小。

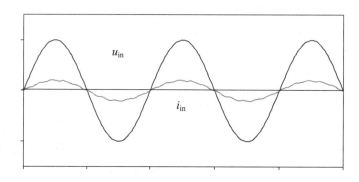

图 4-3　有源功率因数校正电路输入电压和电流波形

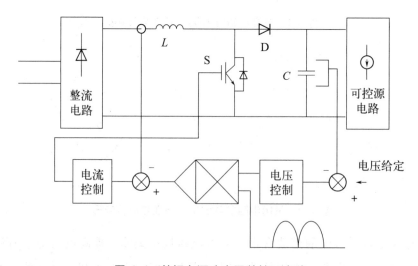

图 4-4　单相有源功率因数校正电路

4.2 三电平桥式 DC/DC 变换电路

三电平 DC/DC 变换电路分为两类：一类是非隔离型三电平变换电路，包括 Buck TL[118]、Boost TL[119]、Buck-boost TL[120]、Cuk TL[121]、Sepic TL[122] 和 Zeta TL[123] 电路，另一类是隔离型三电平电路，包括 Forward TL[124]、Flyback TL[125]、Push-pull TL[126] 和桥式 TL[127,128] 电路，其中桥式 TL 电路适用于高压大功率场合。

4.2.1 半桥三电平电路

为了降低开关器件的电压应力，Pinheiro 提出了零电压半桥三电平变换器[129]，如图 4-5 所示。与传统的半桥电路相比，其每个桥臂不仅可以得到 $+U_{dc}/2$ 和 $-U_{dc}/2$ 电平，还可以得到零电平，即每个桥臂可以得到三个电平。电路中每个开关管承受输入电压的二分之一，开关管的电压应力明显减小，可以采用低压开关管来提高电路工作频率。由于输出电压 U_{AB} 为输入直流电压 U_{dc} 的一半，因此仅适用于几千瓦的小功率场合[130]。

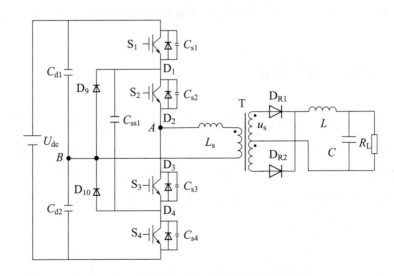

图 4-5　零电压半桥三电平变换器原理图

4.2.2　复合式全桥三电平电路

为了提高电路变换功率,有文献介绍了复合式全桥三电平变换器电路[131],减小了输入输出电流纹波,提高了开关管的 ZVS 范围,如图 4-6 所示。其中一个桥臂电压为三电平,另一个桥臂电压为两电平,输出电压为三电平。由于输出电压电平数增多,谐波含量减小,输出滤波器体积减小。然而由于两电平桥臂承受的电压为输入电压,该电路不适合于高输入电压场合。

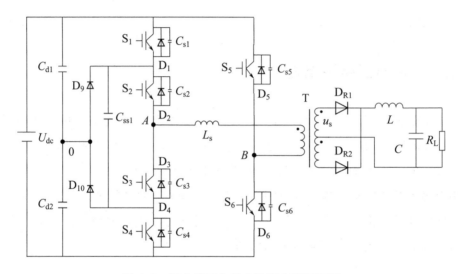

图 4-6　复合式三电平变换器电路原理图

4.2.3　全桥三电平电路

有的文献[132]提出了全桥三电平变换器电路,如图 4-7 所示,共由 8 个开关管组成,每个开关管承受的电压均为输入电压的一半,适合高压大功率场合。但该电路滞后桥臂多,换流困难,若直接增大谐振电感,会造成严重的占空比丢失和环流损耗。为此作者提出了一种改进的全桥三电平电路作为 DC/DC 可控源电路。

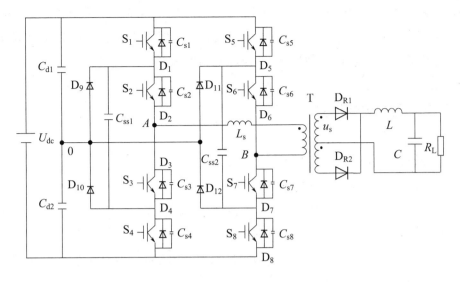

图 4-7　全桥三电平变换器电路原理图

4.3　三电平 DC/DC 可控源电路拓扑分析

4.3.1　电路拓扑结构

图 4-8 给出了海洋电磁发射机三电平 DC/DC 可控源电路的主电路图，其中左侧桥臂包括箝位二极管 D_9 和 D_{10}、开关管 $S_1 \sim S_4$ 与飞跨电容 C_{ss1}，右侧桥臂

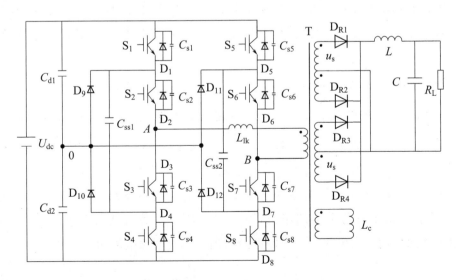

图 4-8　海洋电磁发射机三电平 DC/DC 可控源电路主电路

包括箝位二极管 D_{11} 和 D_{12}、开关管 $S_5 \sim S_8$ 与飞跨电容 C_{ss2}，两个桥臂共用输入分压电容 C_{d1} 和 C_{d2}，L_{lk} 为高频变压器漏感，L_c 为换流电感。通过增加换流电感，实现了全功率范围内 DC/DC 可控源电路的软开关。

4.3.2 工作过程分析

在分析其工作过程时，给出以下假设：

1）所有的元器件均是理想的；

2）$C_{s1} = C_{s4} = C_{chop}$，$C_{s2} = C_{s3} = C_{s5} = C_{s6} = C_{s7} = C_{s8} = C_{lag}$，$C_{ss1} = C_{ss2} = C_{ss}$，$C_{ss} \gg C_{chop}$，$C_{ss} \gg C_{lag}$；

3）$L \gg n^2 L_{lk}$，其中 L_{lk} 为变压器漏感，L 为滤波电感且足够大（可看作恒流源）；

4）变压器两个副边绕组所接电路参数相同，工作状态也相同，工作过程分析时只考虑一路情况。

根据最佳控制方式需满足的三个条件：

1）在同样的占空比下功率传递最大；

2）滤波电感电流脉动最小；

3）开关管实现软开关[133]。

采用非对称移相 PWM 控制方式，主要工作波形如图 4-9 所示。开关管 S_1、S_4 驱动信号采用脉宽调制，而其他桥臂采用互补驱动；S_1 和 S_2、S_7、S_8（或 S_4 和 S_3、S_5、S_6）在同一时刻开通，而关断时刻不同；通过调制 S_1、S_4 的驱动波脉宽来控制输出电压，称 S_1、S_4 为斩波管，其他开关管为滞后管。此控制方式易于数字化实现，克服了传统移相控制专用芯片的控制精度和灵活性差等问题。该电路共有 14 种工作模式。

模式 0： t_{0-} 时刻，对应图 4-10。

t_{0-} 时刻，开关管 S_1、S_2、S_7、S_8 导通，变压器原边电流 $i_p = nI_0$，A、B 两点电压 $u_{AB} = U_{dc}$，整流二极管 D_{R1} 导通，D_{R2} 截止。串联母线电容 C_{d1}、C_{d2} 两端电压为 $U_{dc}/2$。其中 C_{d1} 向飞跨电容 C_{ss1} 充电，充电支路为 S_1、C_{ss1}、D_{10}；C_{d2} 向飞跨电容 C_{ss2} 充电，充电支路为 S_8、C_{ss2}、D_{11}，直到飞跨电容 C_{ss1}、C_{ss2} 充到 $U_{dc}/2$ 为止。由于飞跨电容的箝位，S_3、S_4、S_5、S_6 承受电压均为 $U_{dc}/2$。换流电感电流从反向最大电流 $I_{L_{c0}}$ 开始正向增加，换流电感电流为

$$i_{L_c}(t) = -I_{L_{c0}} + \frac{1}{L_c} \int_0^{t_0} mU_{dc} dt \qquad (4-1)$$

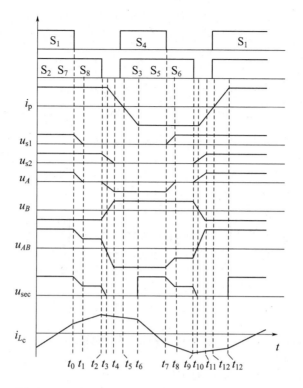

图 4-9　三电平 DC/DC 可控源电路主要工作波形

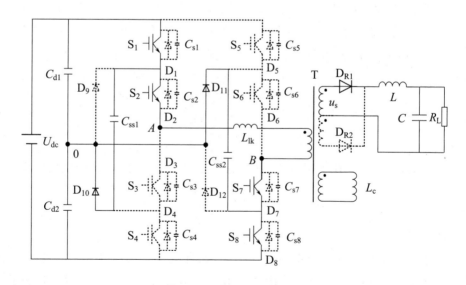

图 4-10　模式 0 等效电路

式中，m 为变压器换流绕组与原边绕组的变比。

若输出滤波电感 L 足够大，可以看作一个恒流源，输出电流 I_0 在一个开关周期近似不变。因此，此时变压器原边电流由换流电感电流 $i_{L_c}(t_0)$、输出电流 I_0 折算到原边的电流组成，即

$$i_p(t) = nI_0 + mi_{L_c}(t_0) \approx nI_0 \tag{4-2}$$

模式1: $[t_{0+}, t_1]$,对应图 4-11。

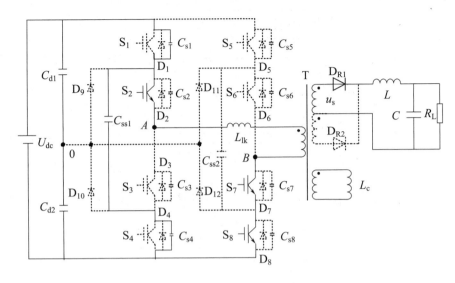

图 4-11 模式 1 等效电路

t_0 时刻,开关管 S_1 关断,原边电流 i_p 向电容 C_{s1} 充电,开关管 S_1 两端电压逐渐升高。由于飞跨电容 C_{ss1} 与 S_2、S_3 并联,C_{s1} 与 C_{s4} 的电压之和为 $U_{dc}/2$,在 C_{s1} 充电的同时,C_{s4} 放电。由于 C_{s1} 从零开始增加,开关管 S_1 关断损耗很小,近似零电压关断。变压器原边电流 i_p 等于输出电流的原边折算值,由于滤波电感足够大,原边电流 I_{p0} 基本不变,C_{s1} 电压线性上升,C_{s4} 电压线性下降。

$$u_{C_{s1}}(t) = \frac{I_{p0}}{2C_{lead}}t \tag{4-3}$$

$$u_{C_{s4}}(t) = \frac{U_{dc}}{2} - u_{C_{s1}} = \frac{U_{dc}}{2} - \frac{I_{p0}}{2C_{lead}}t \tag{4-4}$$

到 t_1 时刻,C_{s4} 电压下降到零,C_{s1} 电压充到 $U_{dc}/2$,此时谐振电感电流为

$$i_{L_c}(t) = i_{L_c}(t_0) + \frac{1}{L_c}\int_{t_0}^{t_1} mu_{AB}\,dt \tag{4-5}$$

模式2: $[t_1, t_2]$,对应图 4-12。

t_1 时刻,由于 C_{s4} 电压下降到零,D_4 自然导通。若飞跨电容 C_{ss1} 电压略小于 $U_{dc}/2$,则箝位二极管 D_9 导通,串联电容 C_{d2} 开始向负载提供能量。该模式中,由于飞跨电容作用,C_{s4} 电压保持为零,所以在 t_5 时刻以前的任意时刻均可零电压开通 S_4,这表明非对称移相 PWM 控制是可行的。此时 A、B 两点电压为 $U_{dc}/2$,换流电感电流为

$$i_{L_c}(t) = i_{L_c}(t_1) + \frac{1}{L_c}\int_{t_1}^{t_2} \frac{mU_{dc}}{2}\,dt \tag{4-6}$$

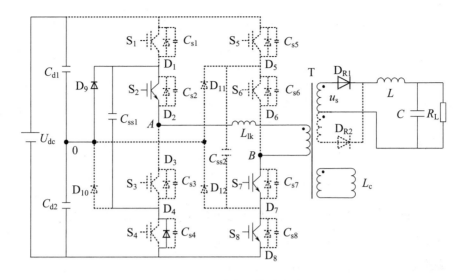

图 4-12　模式 2 等效电路

模式 3: $[t_2, t_3]$，对应图 4-13。

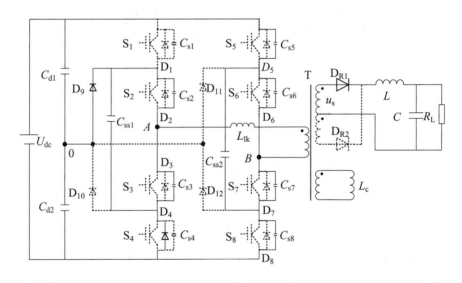

图 4-13　模式 3 等效电路

t_2 时刻关断 S_2、S_7、S_8。在左侧桥臂，i_p 从 S_2 转移到 C_{s2} 中，给 C_{s2} 充电，由于飞跨电容的作用，C_{s2} 充电的同时 C_{s3} 必然放电，S_2 关断损耗很小；同时原边电流 i_p 从 S_7、S_8 中转移到 C_{s5}、C_{s6}、C_{s7}、C_{s8}，向 C_{s7}、C_{s8} 充电，C_{s5}、C_{s6} 放电，S_7、S_8 为零电压关断。在该时段原边仍向副边输出功率，原边电流 i_p 基本不变，所以各电容的充放电过程均为线性。

$$u_{C_{s2}}(t) = \frac{I_{p0}}{2C_{lag}}t \tag{4-7}$$

$$u_{C_{s3}}(t) = \frac{U_{dc}}{2} - u_{C_{s2}}(t) = \frac{U_{dc}}{2} - \frac{I_{p0}}{2C_{lag}}t \tag{4-8}$$

$$u_{C_{s7}}(t) = u_{C_{s8}}(t) = \frac{I_{p0}}{2C_{lag}}t \tag{4-9}$$

$$u_{C_{s5}}(t) = u_{C_{s6}}(t) = \frac{U_{dc}}{2} - \frac{I_{p0}}{2C_{lag}}t \tag{4-10}$$

此时换流电感电流

$$i_{L_c}(t) = i_{L_c}(t_2) + \frac{1}{L_c}\int_{t_2}^{t_3} mu_{AB}\,dt \tag{4-11}$$

到 t_3 时刻，u_{AB} 下降到零，换流电感电流达到峰值 $I_{L_{c0}}$。此时 $u_{C_{s3}}=U_{dc}/3$，$u_{C_{s2}}=U_{dc}/6$，$u_{C_{s7}}=u_{C_{s8}}=U_{dc}/6$，$u_{C_{s5}}=u_{C_{s6}}=U_{dc}/3$。

模式 4：$[t_3，t_4]$，对应图 4-14。

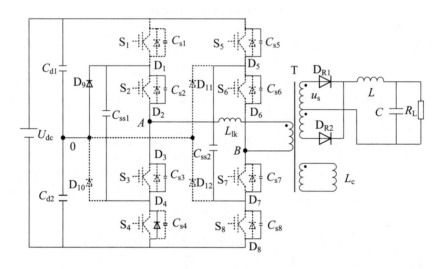

图 4-14　模式 4 等效电路

t_3 时刻，u_{AB} 降为零，副边绕组电压也降为零，整流二极管全部导通。由于此时换流电感电流达到峰值，换流电感电流对 C_{s2}、C_{s7}、C_{s8} 充电，对 C_{s3}、C_{s5}、C_{s6} 放电，直到 t_4 时刻 C_{s3}、C_{s5}、C_{s6} 电压降为零。合理设计换流电感和绕组的匝数，很容易实现 S_2、S_7、S_8 软开关，可得

$$i_p(t) = I_{p0}\cos\omega_1 t \tag{4-12}$$

$$u_{C_{s2}}(t) = \frac{U_{dc}}{6} + \frac{I_{p0}}{2}\sqrt{\frac{2L_c}{3m^2 C_{lag}}}\sin\omega_1 t \tag{4-13}$$

$$u_{C_{s3}}(t) = \frac{U_{dc}}{3} - \frac{I_{p0}}{2}\sqrt{\frac{2L_c}{3m^2 C_{lag}}}\sin\omega_1 t \tag{4-14}$$

$$u_{C_{s7}}(t) = u_{C_{s8}}(t) = \frac{U_{dc}}{6} + \frac{I_{p0}}{2}\sqrt{\frac{2L_c}{3m^2 C_{lag}}}\sin\omega_1 t \qquad (4\text{-}15)$$

$$u_{C_{s5}}(t) = u_{C_{s6}}(t) = \frac{U_{dc}}{3} - \frac{I_{p0}}{2}\sqrt{\frac{2L_c}{3m^2 C_{lag}}}\sin\omega_1 t \qquad (4\text{-}16)$$

其中 $\omega_1 = \dfrac{1}{\sqrt{\dfrac{2L_c C_{lag}}{3m^2}}}$。

t_4 时刻，i_p 的值为

$$I_p(t_4) = \sqrt{I_{p0}^2 - \frac{2m^2 C_{lag}}{3L_c}U_{dc}^2} \qquad (4\text{-}17)$$

模式 5： $[t_4, t_5]$，对应图 4-15。

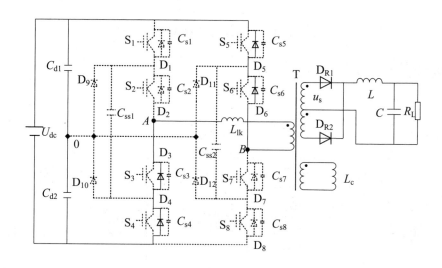

图 4-15 模式 5 等效电路

t_4 时刻，若原边电流 i_p 未减小到零，二极管 D_3、D_4、D_5、D_6 开始导通，为原边电流提供续流回路。可见在 t_5 时刻之前任意时刻，原边电流保持续流均可零电压开通 S_3、S_4、S_5、S_6。原边电流 i_p 为

$$i_p(t) = I_p(t_4) - \frac{U_{dc}}{L_{lk}}t \qquad (4\text{-}18)$$

模式 6： $[t_5, t_6]$，对应图 4-16。

t_5 时刻，开关管 S_3、S_4、S_5、S_6 开始导通，原边电流 i_p 线性增加。由于原边电流 i_p 没有达到负载电流的原边折算值 I_{p0}，两个整流二极管仍然同时导通，i_p 反向增加，到 t_6 时刻 i_p 绝对值增长到 I_{p0}。

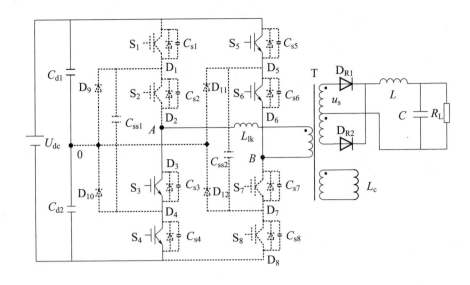

图 4-16　模式 6 等效电路

模式 7：$[t_6，t_7]$，对应图 4-17。

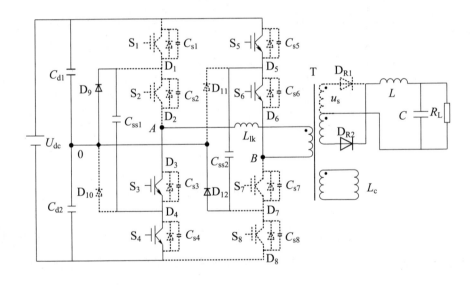

图 4-17　模式 7 等效电路

t_6 时刻，由于 i_p 达到 I_{p0}，二极管 D_{R1} 承受反压关断，二极管 D_{R2} 继续导通向负载提供能量。此时会有 C_{d2} 通过 D_9、C_{ss1}、S_4 支路向 C_{ss1} 充电，C_{d1} 通过 D_{12}、C_{ss2}、S_5 支路向 C_{ss2} 充电的短暂过程，直到飞跨电容 C_{ss1}、C_{ss2} 电压达到 $U_{dc}/2$。到 t_7 时刻，电路开始下半周期的工作过程，不再赘述。

4.4 电路特性

4.4.1 飞跨电容和续流二极管的作用

前面讲述了全桥三电平 DC/DC 可控源电路工作过程，对左侧桥臂飞跨电容和续流二极管做了详细的分析。下面主要分析右侧桥臂的飞跨电容和续流二极管的作用。从图 4-9 可知，右边三电平桥臂开关管 S_5 和 S_6（或 S_7 和 S_8）同时开通和关断，然而在实际电路中，S_5 和 S_6（或 S_7 和 S_8）开通和关断必然会存在差异，如果没有飞跨电容和续流二极管，就可能造成开关的电压应力不均[134]。在开关管 ZVS 开通时，其反并联二极管已经导通，此时开关管开通存在的差异不会造成开关管电压应力的不均。下面主要讨论开关管关断差异情况下飞跨电容和续流二极管的作用。

假设开关管 S_5 和 S_6 同时开通和关断，开关管 S_7 和 S_8 同时开通，但不同时关断，我们分以下两种情况进行讨论。

（1）开关管 S_7 超前 S_8 关断

图 4-18 给出了开关管 S_7 超前 S_8 关断的主要波形。在 t_0 时刻之前，开关管 S_1、S_2、S_7 和 S_8 导通。在 t_0 时刻，本来开关管 S_7 和 S_8 应该同时关断，由于电路器件特性的差异性，开关管 S_7 关断，S_8 仍然导通，i_p 给电容 C_{s7} 充电，并通

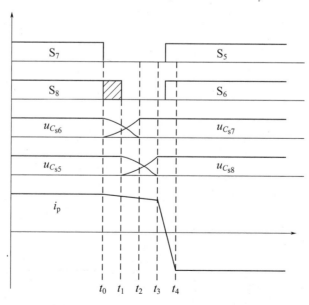

图 4-18 S_7 超前 S_8 关断的主要波形

过飞跨电容 C_{ss2} 给电容 C_{s6} 放电，i_p 减小。

在 t_1 时刻，S_8 关断，i_p 给电容 C_{s8} 充电，并通过飞跨电容 C_{ss2} 给电容 C_{s5} 放电。同时，i_p 继续给电容 C_{s7} 充电，并通过飞跨电容 C_{ss2} 给电容 C_{s6} 放电。

$$i_p = i_{C_{s6}} + i_{C_{s7}} \tag{4-19}$$

$$i_{C_{s5}} = i_{C_{s6}} + i_{C_{ss2}} \tag{4-20}$$

$$i_{C_{s8}} = i_{C_{s7}} - i_{C_{ss2}} \tag{4-21}$$

将式（4-20）和式（4-21）相加，并结合式（4-19），可得

$$i_p = i_{C_{s5}} + i_{C_{s8}} = i_{C_{s6}} + i_{C_{s7}} \tag{4-22}$$

由式（4-22）可知，滞后管并联电容放电的电流是 i_p，滞后管 ZVS 的能量是由换流电感提供的。

在 t_2 时刻，电容 C_{s6} 的电压减小到零，若原边电流未降为零，二极管 D_6 自然导通，开关管 S_6 可以实现零电压开通。i_p 继续通过飞跨电容 C_{ss2} 给电容 C_{s8} 充电，电容 C_{s5} 放电。在 t_3 时刻，电容 C_{s5} 的电压减小到零，若原边电流未降为零，二极管 D_5 自然导通，开关管 S_5 可以实现零电压开通。由于 S_5 和 S_6 驱动信号相同，所以在 t_3 时刻向 S_5 和 S_6 施加开通信号，均可以实现零电压开通。

（2）开关管 S_7 滞后 S_8 关断

图 4-19 给出了开关管 S_7 滞后 S_8 关断时的主要波形。在 t_0 时刻之前，开关管 S_1、S_2、S_7 和 S_8 导通。在 t_0 时刻，开关管 S_8 关断，S_7 仍然导通，原边电流 i_p 给电容 C_{s8} 充电，并通过飞跨电容 C_{ss2} 给电容 C_{s5} 放电，i_p 减小。在 t_1 时刻，

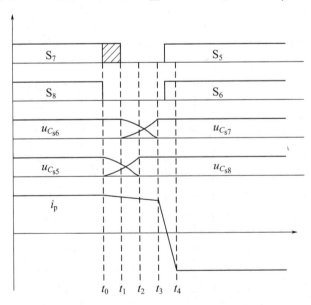

图 4-19　S_7 滞后 S_8 关断时的主要波形

开关管 S_7 关断，i_p 给电容 C_{s7} 充电，并通过飞跨电容 C_{ss2} 给电容 C_{s6} 放电。同时，i_p 继续给电容 C_{s8} 充电，并通过飞跨电容 C_{ss2} 给电容 C_{s5} 放电。式(4-22)说明滞后管的结电容放电的电流是 i_p，滞后管实现 ZVS 的能量是由换流电感提供的。在 t_2 时刻，电容 C_{s5} 的电压减小到零，若原边电流未降为零，二极管 D_5 自然导通，开关管 S_5 可以实现零电压开通。i_p 继续通过飞跨电容 C_{ss2} 给电容 C_{s7} 充电，给电容 C_{s6} 放电。在 t_3 时刻，电容 C_{s6} 的电压减小到零，若原边电流未降为零，二极管 D_6 自然导通，开关管 S_6 可以实现零电压开通。

对于右边的三电平桥臂而言，如果没有飞跨电容和续流二极管，那么当上面两个开关管或下面两个开关管不是同时关断时，先关断的开关管的电压应力将会超过 $U_{dc}/2$，造成开关管上所承受的电压应力不均衡。

设置续流二极管的目的是为飞跨电容提供补充能量的通道，使飞跨电容电压维持在 $U_{dc}/2$。从上面的分析可以看出，飞跨电容不仅实现了开关管并联电容充放电过程的解耦，而且使开关管的电压应力保持在 $U_{dc}/2$，避免了两对开关管开通和关断差异造成的电压应力不均衡。

4.4.2 软开关的实现

(1) 斩波管软开关

从 4.3.2 节的分析可知，斩波管要实现 ZVS，必须有足够的能量来抽走开关管 S_4 的并联电容 C_{s4} 上的电荷，同时给关断的开关管 S_1 的并联电容 C_{s1} 充电，则斩波管实现 ZVS 的能量为[135]

$$E_{chop} \geq \frac{1}{2} C_{s1} \left(\frac{U_{dc}}{2} \right)^2 + \frac{1}{2} C_{s4} \left(\frac{U_{dc}}{2} \right)^2 = \frac{1}{4} C_{chop} U_{dc}^2 \tag{4-23}$$

此能量主要来自负载电流折算到原边的电流值。因为输出滤波电感足够大，近似为恒流源，折算到原边的电流很容易让斩波管实现零电压开通。

(2) 滞后管软开关

三电平 DC/DC 可控源电路有三个滞后管同时关断，在关断过程中，除了给关断滞后管上并联电容完全充电，还要对另外三个滞后管上并联电容完全放电，才能实现滞后管的 ZVS。以 S_2、S_7、S_8 关断为例，根据图 4-9 可分为两个阶段。

第一阶段：u_{AB} 下降为零，对应于模式 3。此阶段主要由输出滤波电感折算电流提供能量。

$$E_{lag1} \geq \frac{1}{2} (C_{s2} + C_{s7} + C_{s8}) \left(\frac{U_{dc}}{3} \right)^2 + \frac{1}{2} (C_{s3} + C_{s5} + C_{s6}) \left(\frac{U_{dc}}{6} \right)^2$$

$$= \frac{5}{24} C_{lag} U_{dc}^2 \tag{4-24}$$

第二阶段：u_{AB} 上升到 U_{dc}，对应于模式 4。此阶段主要由换流电感折算电流提供能量。

$$E_{lag2} \geqslant \frac{1}{2}(C_{s2}+C_{s7}+C_{s8})\left[\left(\frac{U_{dc}}{2}\right)^2-\left(\frac{U_{dc}}{6}\right)^2\right]+\frac{1}{2}(C_{s3}+C_{s5}+C_{s6})\left(\frac{U_{dc}}{3}\right)^2$$

$$=\frac{1}{2}C_{lag}U_{dc}^2 \tag{4-25}$$

由此可见，在关断期间，输出滤波电感和换流电感折算电流分时为滞后管提供换流能量。

4.4.3　占空比丢失

变压器漏感的存在必然会带来占空比丢失。在 4.3.2 分析中可知，逆变输出电压 u_{AB} 在 t_4 时刻已经达到 $-U_{dc}$，这个时刻与控制占空比对应，可是变压器副边电压 u_s 直到 t_6 时刻才升到 nU_{dc}，这个时刻与有效占空比对应，两个时刻的差值为占空丢失的时间[136]。根据

$$t_{45}=\frac{I_p(t_4)L_{lk}}{U_{dc}} \tag{4-26}$$

$$t_{56}=\frac{I_{p0}L_{lk}}{U_{dc}} \tag{4-27}$$

占空比丢失大小为：

$$D_{loss}=\frac{t_{45}+t_{56}}{T_s}=\frac{2(I_p(t_4)+I_{p0})L_{lk}}{T_sU_{dc}} \tag{4-28}$$

由于采用换流电感为滞后桥臂关断提供能量，设计变压器时漏感应尽量小，这样可以降低变压器损耗，所以增加换流电感后的三电平 DC/DC 可控源电路的占空比丢失很小。

4.5　器件的选取

4.5.1　飞跨电容的选取

负载电流发生变化时，飞跨电容必须保证稳定。S_1 关断期间原边电流通过飞跨电容为并联电容 C_{s4} 放电，在 S_4 关断期间为并联电容 C_{s1} 放电。飞跨电容在

电路稳态时充电到 $U_{dc}/2$，飞跨电容值必须足够大，才能维持 $U_{dc}/2$ 不变，电容值与电流和期望的电压纹波有关，所以电容值为[137]

$$C_{ss} \geqslant \frac{I_{p0}t_d}{\Delta U_{C_{ss}}} \tag{4-29}$$

式中，t_d 是死区时间，$\Delta U_{C_{ss}}$ 是期望的纹波电压。

为了解决飞跨电容初始充电平衡问题，用一个 470k/2W 电阻与之并联，同时在开关 S_1 和 S_4 两端并联一个 470k/2W 电阻，这样可以补偿这些电容电压的初始不平衡。

4.5.2　并联电容的选取

为了获得 ZVS 开关，必须在 IGBT 两端并联电容，可以为 IGBT 关断时提供零电压。IGBT 关断时的等效电路如图 4-20 所示。在关断之前，流过 IGBT 的电流为 nI_0，IGBT 两端电压为零。由于并联电容的存在，在关断过程中，IGBT 的电流 i_S 线性减小，剩余电流 $nI_0 - i_S$ 向并联电容充电。则并联电容充电电流为

$$i_{C_s} = nI_0 t/t_{fi} \qquad 0 < t < t_{fi} \tag{4-30}$$

式中，t_{fi} 为 IGBT 的下降时间。并联电容两端电压为

$$u_{C_s} = \frac{1}{C_s}\int_0^t i_{C_s}\,\mathrm{d}t = \frac{nI_0 t^2}{2C_s t_{fi}} \tag{4-31}$$

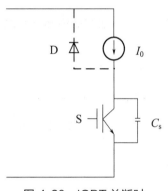

图 4-20　IGBT 关断时
等效吸收电路

从图 4-21(a) 可以看出，如果并联电容值较小（$C_s < C_{s0}$），电容电压会在电流下降过程结束之前达到 $U_{dc}/2$，此时续流二极管 D 开始导通，把电容和 IGBT 箝位到 $U_{dc}/2$，由于电容两端的电压不再发生变化，则流过并联电容的电流 i_{C_s} 降为零。

根据图 4-21(b)，在电流下降结束时，并联电容电压达到 $U_{dc}/2$，把 $t = t_{fi}$ 和 $u_{C_s} = U_{dc}/2$ 代入式(4-31)，可以求出并联电容值为

$$C_{s0} = \frac{nI_0 t_{fi}}{U_{dc}} \tag{4-32}$$

根据图 4-21(c) 可知，并联电容电压上升到 $U_{dc}/2$ 的时间比电流下降时间长，在电流下降结束后，并联电容电流等于 nI_0，IGBT 和并联电容电压线性增加到 $U_{dc}/2$。

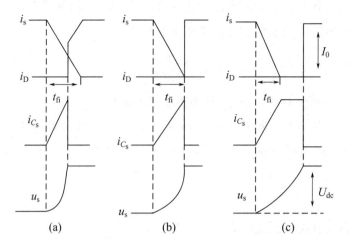

图 4-21 不同电容值时关断过程电压电流波形

4.5.3 换流电感的选取

由三电平 DC/DC 可控源电路工作过程分析可知，当原边向副边传递能量时，换流电感上的电流发生变化，其他时间保持不变。例如当 S_1、S_2、S_7、S_8 导通时，变压器原边电压为正，换流电感上电流从负最大值变化到正最大值，此时

$$L_c \frac{2I_{cmax}}{DT_s} = mU_{dc} \tag{4-33}$$

由式（4-33）可得换流电感上电流最大值为

$$I_{cmax} = \frac{mU_{dc}DT_s}{2L_c} \tag{4-34}$$

换流电感上储存的能量为

$$E_{L_c} = \frac{1}{2}L_c I_{L_{cmax}}^2 = \frac{m^2 U_{dc}^2 D^2 T_s^2}{8L_c} \tag{4-35}$$

根据 4.4.2 的分析可知，换流电感能量需满足

$$E_{L_c} \geqslant \frac{1}{2}C_{lag}U_{dc}^2 \tag{4-36}$$

由上面两式可以求得换流电感值为

$$L_c \leqslant \frac{m^2 D^2 T_s^2}{4C_{lag}} \tag{4-37}$$

由于计算中忽略了变压器漏感储能和大于占空比时输出电压对换流电感的影

响，实际选取的换流电感值比计算值略大。

4.6 仿真和实验

4.6.1 仿真

根据以上对三电平 DC/DC 可控源电路的分析，采用 ORCAD/Pspice 软件对电路进行仿真，输入输出条件和元器件参数如下：

- 输入电压：500V；
- 输出电压：30V；
- 输出电流：200A；
- IGBT：CM150DY-24H；
- 高频整流二极管：MUR20020CT。

图 4-22 给出了全桥三电平 DC/DC 可控源电路仿真原理图，每个桥臂由 4 只

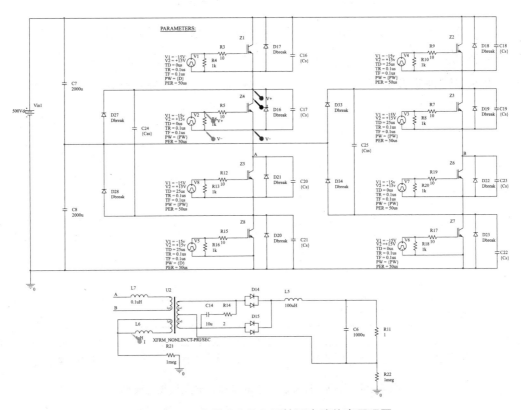

图 4-22　三电平 DC/DC 可控源电路仿真原理图

IGBT 组成，为了使每个 IGBT 承受的最大电压应力为输入直流电压时的一半，桥臂上增加了一个飞跨电容和两个续流二极管。

图 4-23 给出了电路的驱动波形，采用非对称移相 PWM 波，开关管 S_1 和 S_4 驱动波的脉宽可调，开关管 S_5 和 S_6 与和 S_8 互补导通，开关管 S_1、S_2、S_7 和 S_8 同时导通，开关管 S_3、S_4、S_5 和 S_6 同时导通，满足最佳控制方式。

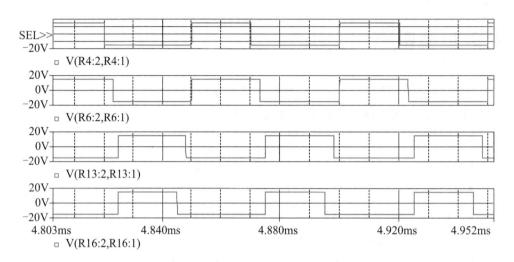

图 4-23　三电平 DC/DC 可控源电路驱动波形

从图 4-24 可以看出，在 IGBT 开通之前，集射极电压已经降为零，实现了零电压开通。从图 4-25 可以看出，当并联电容为 30nF 时，IGBT 关断过程结束时集射极电压恰好上升到二分之一输入直流电压，符合前面讲述的并联电容选取原则。

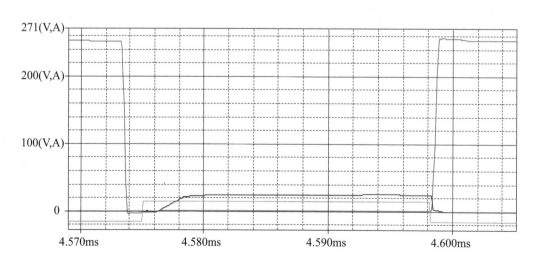

图 4-24　IGBT 开关过程中的电压、电流和驱动波形

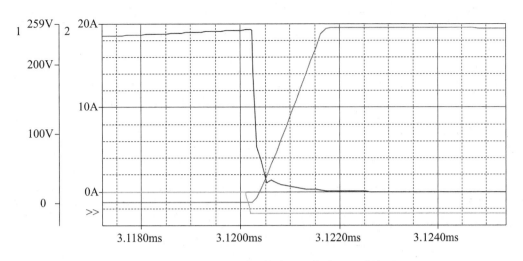

图 4-25　IGBT 关断过程的电压、电流和驱动波形

图 4-26 中给出了逆变输出电压和整流电压波形，逆变输出电压分为 U_{dc}、$U_{dc}/2$、0、$-U_{dc}/2$、$-U_{dc}$ 五个电平，整流后的电压为 U_{dc}、$U_{dc}/2$、0 三个电平。与两电平 DC/DC 可控源电路变压器整流输出电压相比，三电平 DC/DC 可控源电路多了一个电平，进行傅里叶分解，谐波含量降低，同样输出纹波条件下，需要的滤波器件更小。图 4-27 给出了桥臂上下两个 IGBT 电压波形，每个 IGBT 承受二分之一输入直流电压。

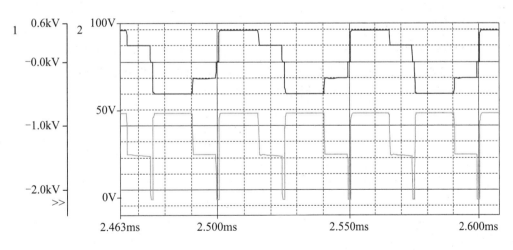

图 4-26　逆变输出电压和整流电压的波形

图 4-28 给出了变压器原边串联谐振电感实现 ZVS 的三电平 DC/DC 可控源电路逆变输出电压和变压器副边电压波形，为了在宽负载范围内实现软开关，原边串入电感较大，当满载时，占空比丢失最大，约为 16%（4μs）。当负载电流为 40%（50A）时，负载失去 ZVS 条件，见图 4-29。

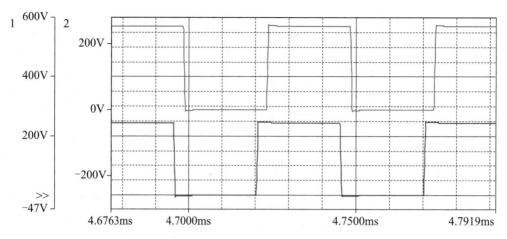

图 4-27　桥臂上下两个 IGBT 电压波形

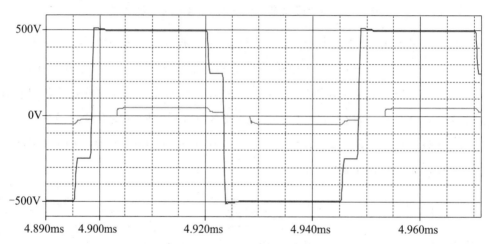

图 4-28　变压器原边串联谐振电感时三电平 DC/DC 可控源电路逆变输出
电压和变压器副边电压波形

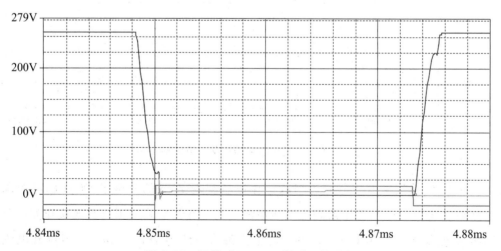

图 4-29　轻载时 IGBT 开关过程的波形

图 4-30 给出了加换流电感时逆变输出电压和整流电压波形，可以看出，满载时，占空比丢失很小。从图 4-31 可以看出换流电感电流不随负载变化而变化，所以轻载时同样可以实现 ZVS。

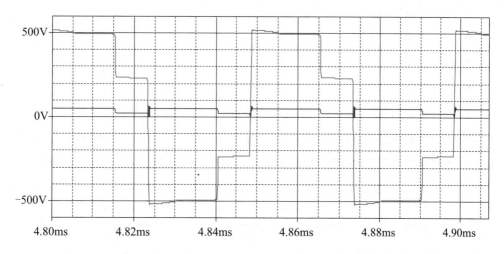

图 4-30　加换流电感时逆变输出电压和整流电压波形

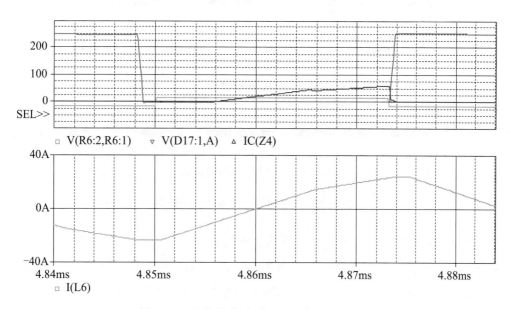

图 4-31　加换流电感时 IGBT 换流电流波形

4.6.2　实验

海洋电磁发射机三电平 DC/DC 可控源电路的元器件参数如下：

- 换流电感：$20\mu H$；

- 飞跨电容：$20\mu F$；
- IGBT 并联电容：$10nF$；
- 输出滤波电感：$40\mu H$；
- 输出滤波电容：$1000\mu F$；
- 开关频率：$20kHz$；
- 开关管 IGBT：FF150R12RT4；
- 高频整流二极管：DPF240×200NA。

根据图 4-32 和图 4-33 可以看出，斩波管 S_1、S_4 的驱动信号脉宽可调，控制输出电压电流的大小，滞后管 S_3、S_5、S_6（S_2、S_7、S_8）驱动信号脉宽保持最大不变，和对应的斩波管在同一时刻开通，关断时刻不同。

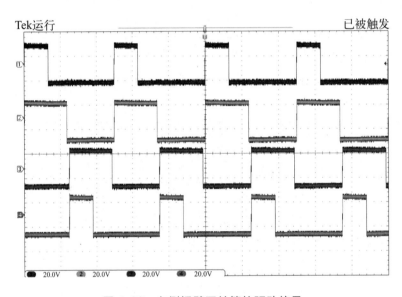

图 4-32　左侧桥臂开关管的驱动信号

图 4-34 和图 4-35 分别给出了重载和轻载时变压器原副边电压和电流波形。轻载时，开关管同样能实现 ZVS，与理论分析一致。与两电平 DC/DC 可控源电路相比，副边电压多了一个电平，导致输出滤波器的体积减小。

图 4-36 给出了高频变压器原副边电压和换流电感电流的波形。换流电感电流波形在输出电压不同时斜率不同，但峰值点出现在滞后桥臂换流时刻，解决了滞后桥臂换流难的问题，实现了全功率范围内 DC/DC 可控源电路的软开关。

图 4-37 给出了开关管 S_1 和 S_2 两端电压波形，每个 IGBT 承受输入电压的二分之一，大大降低了开关管的电压应力，解决了高输入电压条件下开关管的电压

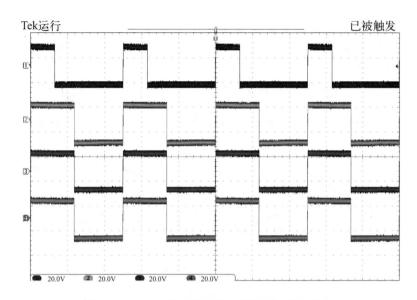

图 4-33　一个斩波管和三个滞后管的驱动信号

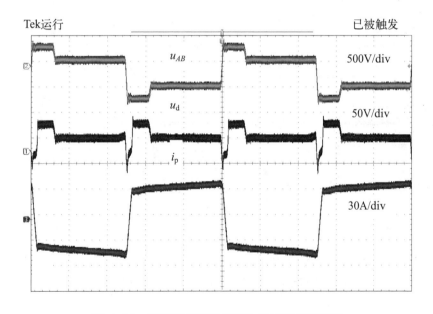

图 4-34　重载时变压器原副边电压和电流波形

应力大的问题。滤波电感电流的波形如图 4-38 所示，随着输出电压电平数的增多，滤波电感电流谐波成分减小。

从图 4-39 给出的测试效率曲线可以看出，随着负载增加，发射机效率增加，最大效率为 90%。在负载电流较小时，增加换流电感时的效率较高。

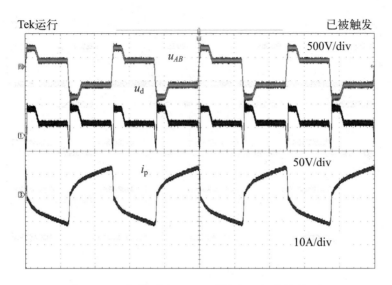

图 4-35　轻载时变压器原副边电压和电流波形

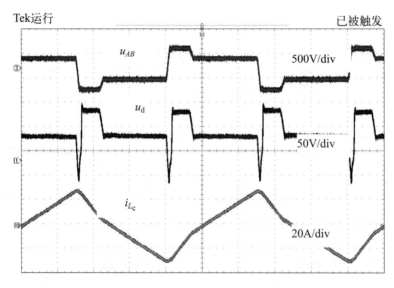

图 4-36　高频变压器原副边电压和换流电感电流的波形

4.7　本章小结

DC/DC 可控源电路输入采用二极管整流容性滤波，带来严重的谐波污染问题。为了降低谐波含量和提高功率因数，引入 PFC 功率因数校正电路，导致母

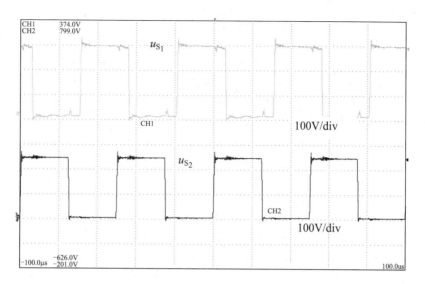

图 4-37 S_1 和 S_2 两端电压波形

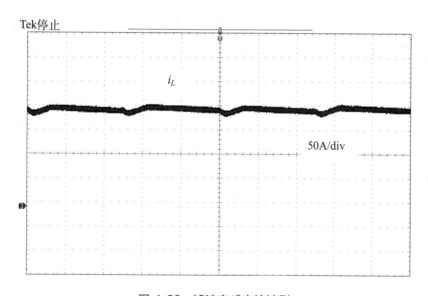

图 4-38 滤波电感电流波形

线电压升高，两电平 DC/DC 可控源电路已经不能满足要求，于是本章介绍了三电平 DC/DC 可控源电路，分析了电路结构、工作模态、电路特性等。

1）针对不控整流电路容性滤波带来的谐波污染问题，提出了采用 Boost 电路进行功率因数校正，但抬高了直流母线电压，此时若采用两电平 DC/DC 可控源电路，将导致 DC/DC 可控源电路开关频率和效率降低，水下拖体体积增大，不能满足海洋勘探需求。

2）提出了一种改进的三电平 DC/DC 可控源电路拓扑结构，由 8 个开关管组成，在变压器副边增加了一个降压绕组接换流电感。分析了电路工作过程，一

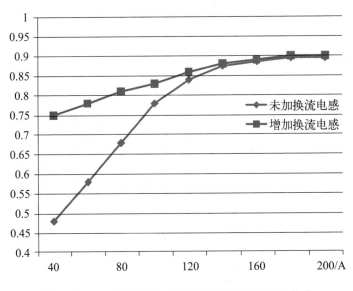

图 4-39　三电平 DC/DC 可控源电路测试效率曲线

个开关周期共有 14 种工作模式，当原边向副边传递能量时，换流电感电流在绕组电压作用下充放电，峰值电流出现在滞后桥臂换流时刻，从而有效利用换流电感能量解决滞后桥臂换流困难的问题。

　　3）分析了电路特性，主要包括飞跨电容和续流二极管的作用、软开关条件和占空比丢失，并给出了飞跨电容、开关管并联电容和换流电感的选取原则。

　　4）对三电平 DC/DC 可控源电路进行了仿真和实验，结果表明其不仅降低了开关管的电压应力，而且在全功率范围内实现软开关，同时大大降低了占空比丢失。

第 5 章 >>>
组合可控源 DC-DC 电路

　　为了降低船上至水下拖体输电线路损耗，需要提高传输的电压，达到几千伏。两电平电路已经无法完成电能变换的要求，若采用多电平电路（多于三个电平）拓扑结构又很复杂，为此本章介绍了一种输入串联输出并联的可控源电路，组成单元为 ZVZCS 可控源电路。通过使用低电压、低功率等级的开关管来实现高电压大功率电能变换，低耐压等级的开关管具有更低的导通阻抗，从而可以减小通态损耗，提高功率密度。在输入串联输出并联可控源电路的研究中，如何实现各模块在输入侧均压、输出侧均流是保证 ISOP 可控源电路稳定工作的关键问题。文中采用共同占空比的控制方式，建立组合可控源电路的小信号数学模型，对各个参数的相关影响做了分析推导，验证了各模块之间在输入侧自然均压及输出侧自然均流的特性。

5.1 组合直流变换器

5.1.1 直流变换器组合方式

组合直流变换器由 n 个电气隔离的基本单元组成，这些单元包括单管正激变换器、双管正激变换器、反激变换器、推挽变换器、半桥变换器及全桥变换器等。基本组合方式共有四种：输入并联输出并联（IPOP）、输入串联输出并联（ISOP）、输入并联输出串联（IPOS）、输入串联输出串联（ISOS）[138]，如图 5-1 所示。

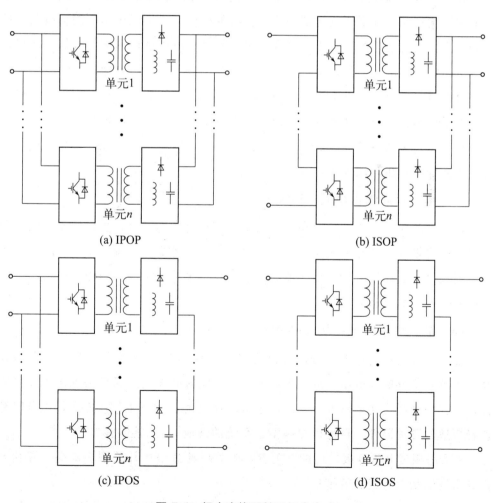

图 5-1 组合变换器单元组合方式

（1）输入并联输出并联（IPOP）

输入并联输出并联主要应用在低压大电流场合，如大容量通信电源、VRM（Voltage Regulator Module）模块等。现有并联方式主要是采用输出电容侧的并联连接，它能有效降低功率开关管的电流应力，减小电路的电磁辐射，通过交错控制可以使输入输出纹波相互抵消，减小滤波器件体积，有利于提高变换器的功率密度和动态响应。由于模块输出是电压源性质，电压幅值的微小差别会导致输出电流的巨大差异，因此需要在输出电容侧并联均流控制电路，目前有下垂法[139]和有源均流法[140]两种均流方法。下垂法是通过改变输出电压源特性，即调节各个模块的外特性曲线斜率，来改变输出阻抗，实现均流。有源均流法主要包含均流母线形成方法和控制方法两部分。

（2）输入并联输出串联（IPOS）

在低压输入高压输出场合，经常采用输入并联输出串联的组合方式。这种组合的主要优点是：降低了变压器原边开关管的电流应力，减小了电磁辐射和电压尖峰；降低了变压器副边整流二极管的电压应力，可以选用耐压等级低、恢复特性好的二极管作为整流管；降低了高频变压器的升压比，提高原副边绕组耦合程度，降低寄生漏感；在一定电压范围内增大开关管导通占空比，提高器件利用率；通过交错控制可以使输入电流纹波相互抵消，减小滤波器体积。

这种组合方式容易实现输入均压输出均流，可以将两个独立变换器直接组合，无需外加均压均流控制环节[141,142]。

（3）输入串联输出串联（ISOS）

输入串联输出串联一般用在输入输出都是高电压的场合，可以用输入电压和输出电压均较低的单元组成输入电压和输出电压均较高的系统，可以在高电压场合使用低耐压器件，采用较高开关频率，提高系统功率密度，但输入输出的均压一般要额外增加控制环节[143]。

（4）输入串联输出并联（ISOP）

在高压输入低压输出场合，可以将多个变换器单元输入端串联，输出端并联，各单元均分输入电压，从而可以使用耐压定额较低的高频开关管作为开关器件，达到提高系统功率密度及系统动态响应速度的目的。采用 ISOP 方式很容易选择合适的开关器件，且可以提高整个系统的性能[144]。具体有如下优点：

● 采用相对电压等级较低的开关管，开关损耗减小，开关频率提高，有利于提高系统的功率密度和效率；

● 变换器的变压器变比减小，尤其对于输出电压较低场合，可以提高效率；

●单个模块设计和系统热设计更简单；

●若采用交错控制技术，可大大减少输出电流纹波，在相同的输出电压纹波要求下，输出滤波电容可大为减小，由此可以提高变换器的功率密度。

为了保证 ISOP 组合系统正常工作，必须保证各个单元输入电压均分、输出电流均流，下面讨论 ISOP 组合电路的控制策略。

5.1.2 ISOP 组合电路的控制策略

（1）开环控制方式

有文献[145]提出了一种适用于高压输入的开环控制 ISOP 组合变换器，如图 5-2所示。其基本单元采用直流变压器结构，电路靠输出电压 U_o 在变压器原边的折算值对桥臂电容的箝位作用来实现均压，在电压均衡的基础上自动均流。其优点是：采取单元化设计，结构简单，各单元独立控制，无须同步；电路可实

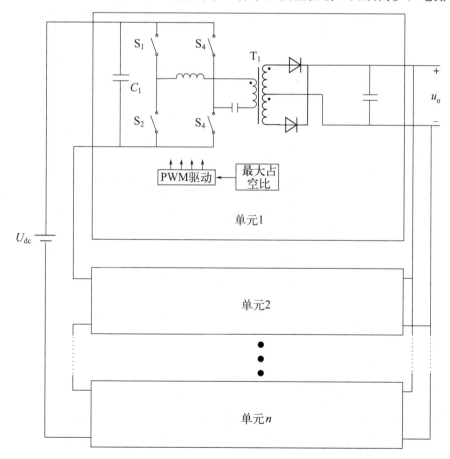

图 5-2　开环控制 ISOP 组合变换器

现自动均压均流，不需附加措施；当输入电压提高时，只需增加输入侧基本单元的串联级数即可；不需要输出滤波电感，减小了输出滤波器的体积和重量。其缺点是输出电压不可控，输出电压由变压器变比和负载决定。

（2）三环控制方式

有文献[146,147]提出采用三环控制方式来实现输入均压，如图 5-3 所示。三环控制的控制环包括输入电压环、输出电压环以及电流环；所有单元共用一个输出电压环；输入电压环的输出与输出电压环的输出相加后进入各模块电流环，作为电流环的给定参考电压；采用三环控制方式，既稳定了输出电压，也实现了输入电压的均压，使输入串联输出并联多单元变换器实现稳定工作。但是，对于 ISOP 多单元组合变换器而言，采用三环控制的控制方法，控制器的设计比较复杂；随着应用场合要求的电压等级增高，通过增加单元数进行系统扩容的设计复杂难度增加；三环控制的 ISOP 组合变换器运行过程中，一旦其中一个单元损坏，整个控制将不能运行，造成系统的瘫痪。另外其对电压检测元件的耐压级

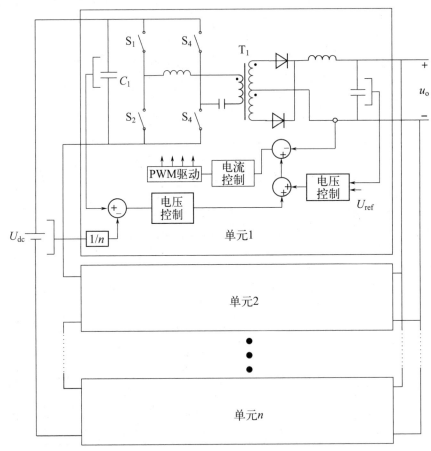

图 5-3　三环控制的 ISOP 组合变换器

别、精度以及响应速度的要求也比较高。

（3）电压双环控制方式

由于三环控制的 ISOP 组合变换器在控制设计以及电路调试上都很复杂，有文献[148,149]给出了去掉电流环，只保留输入电压环和输出电压环的双环控制方法，如图 5-4 所示。具体控制方案：如果 ISOP 组合变换器由 n 个单元组成，其

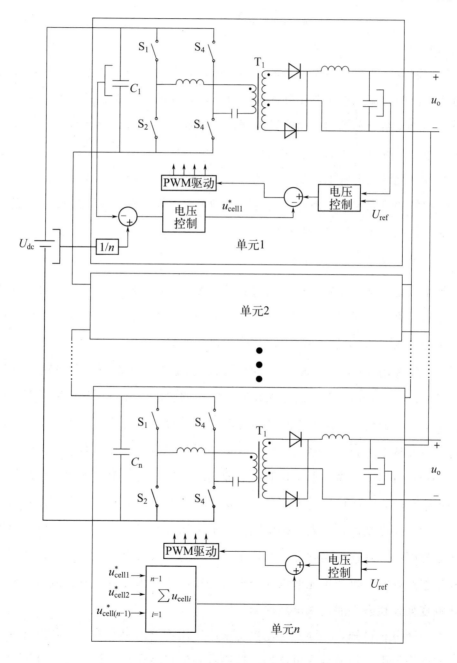

图 5-4 双环控制的 ISOP 组合变换器

控制电路只需 $n-1$ 个输入均压环和一个共用的输出电压环，就可实现单元输入电容均压的解耦控制，并自动实现输出滤波电感电流的均流。对于前 $n-1$ 个单元，直流输入电压 U_{dc}/n 与每个单元的输入电压输入电压调节器，进行 PI 调节，然后与输出电压调节器的输出信号相减，进行 PWM 调制，产生占空比信号。对于第 n 个单元，前 $n-1$ 个单元的 $U_{cell i}$ 相加后与第 n 个单元的输出电压调节器的输出信号相加，进行 PWM 调制，产生占空比信号。每个单元驱动信号相差 π/n，以实现 n 个单元的交错控制。

该控制策略能实现各模块输入电容均压，并在均压的基础上自动实现输出滤波电感电流的均流。输入电压环和输出电压环之间的参数设置是互不影响的，两个电压环的关系是解耦的，简化了控制器的参数设计。但该串并组合式变换器在实际运用时，各单元间的变换效率存在一定的差异，在轻载或空载时，这种差异会引起各单元输入电容电压的不一致，甚至会导致各单元输入电压的相互偏离，影响变换器的可靠工作。因此，需要对这种 ISOP 组合变换器在轻载或空载条件下的输入均压问题展开进一步研究。

（4）共用占空比控制方式

根据上述方案，开环控制方式的输出电压是不可控的，而三环控制以及电压双环控制，为了实现输入侧电压的均压，都必须增加输入电压补偿器才能实现输入电压的均压[150]，增加了系统复杂度，提高了成本。Ramesh Giri 等人提出了共同占空比控制方式[144]，如图 5-5 所示。在稳定工作状态下，假设输入直流电压不发生改变，给每个单元的施加相同占空比的驱动信号，在这种情况下，假设某一个单元上的输入电压发生扰动而变高，由于每个单元的占空比是相同的，因此这个单元从输入分压电容上吸取的电流相对于其他单元吸收的电流会更大，从而促使分压电容上的输入电压降低，也即实现了当电压发生扰动时候自动保证输入侧各单元输入电压保持均衡的目的。这种控制思想即为共同占空比控制基本原理。由于组合变换器在输入侧是串联而在输出侧是并联的，所以各个单元的输出电压是相同的。在这种控制方式下，每个单元的输入占空比大小也是相同的，因此在稳态运行时，每个单元的输入侧电压是相同的，因此输入电容值的差异并不会影响变换器稳态下的输入电压均衡。

由上述分析可知，共同占空比控制策略应用于输入串联输出并联组合变换器中，并不需要引入任何输入电压均压控制环，但仍能保证变换器输入电压的均压和输出负载电流的均流；与双电环相比，通过对输出电流控制，整个系统性能将

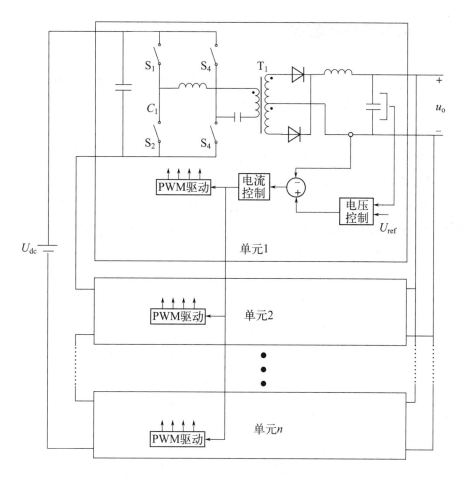

图 5-5　共同占空比控制的 ISOP 组合变换器

具有很多优势，比如系统在动态响应速度上的提升，以及对输出电压补偿器的设计的简化等；另外，利用该控制策略的 ISOP 变换器是可以实现冗余工作的，即使在各模块参数不一致的情况下，也可以具有较好的容错特性。经过对各控制策略的分析比较，最终确定采用共同占空比控制策略。

5.2　组合可控源电路及工作过程

为了满足海洋电磁发射机高输入电压大输出电流的要求，采用输入串联输出并联方式构建组合可控源电路，采用共同占空比控制，实现输入电容均压和输出均流。

5.2.1 组合可控源电路

第 3 章详细讨论了 ZVZCS 可控源电路，由此得知该电路具有环流能量小、开关损耗小、效率高等优点，所以组合可控源电路中的单元采用 ZVZCS 可控源电路，组合可控源电路原理如图 5-6 所示。为讨论方便，这里以两个单元组合为例。这种电路单个开关管的耐压值只有总输入电压的 1/2，每个单元的输出功率是组合可控源电路的 1/2，系统的热设计更为简单；变压器变比仅为单元变换器的 1/2，这样可以减小变压器的漏感和变比，使变压器制作更为方便；另外其单元化的设计思路有利于缩短可控源电路的研发周期，降低开发成本。但此电路设计时需注意单元间的均压、均流控制。

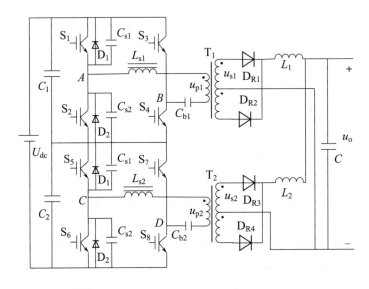

图 5-6　组合可控源电路原理图

5.2.2 电路工作过程

组合可控源电路的工作过程与 ZVZCS 可控源电路类似。当工作于稳态时，其半个开关周期有 5 种工作模式，主要波形如图 5-7 所示；为了减小输出电流纹波，采用交错控制，即单元 2 的驱动信号滞后单元 1 四分之一开关周期。下面分析各个模式的工作状态。

模式 0：t_1 时刻，对应图 5-8。

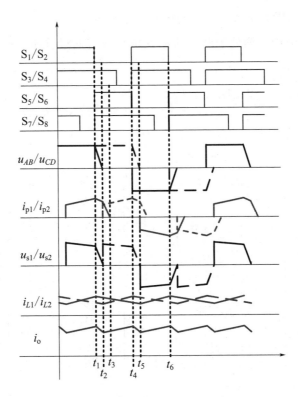

图 5-7　组合可控源电路主要波形

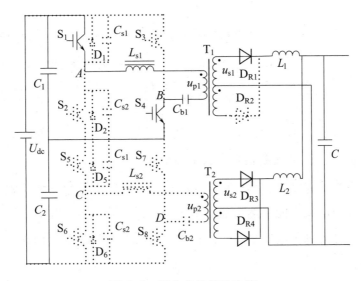

图 5-8　模态 0 的等效电路

单元 1 中 S_1 和 S_4 导通，输入向输出传递功率，整流二极管 D_{R1} 导通。饱和电感 L_{s1} 处于饱和状态，隔直电容 C_{b1} 两端电压从负最大值开始线性增加。

$$u_{C_{b1}}(t) = \frac{n_1 I_{01}}{C_{b1}}t - U_{C_{bp1}} \tag{5-1}$$

式中，$U_{C_{bp1}}$ 为隔直电容 C_{b1} 电压峰值。

单元 2 中四个桥臂均处于断开状态，负载电流通过整流二极管续流，二极管 D_{R3} 和 D_{R4} 同时导通。

模式 1： $[t_1, t_2]$，对应图 5-9。

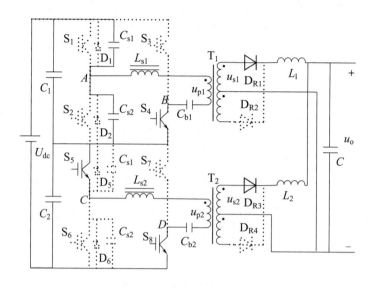

图 5-9 模态 1 的等效电路

单元 1 中 S_1 关断，通过原边的电流充电到吸收电容 C_{s1}，吸收电容 C_{s1} 电压线性增加：

$$u_{C_{s1}}(t) = \frac{n_1 I_{02}}{C_{s1} + C_{s3}} t \tag{5-2}$$

接着，二极管 D_2（S_2 的反并联二极管）导通，S_2 的开通实现了 ZVS。如果外加电容足够大，S_1 的关断损耗大大减少。

单元 2 中给开关管 S_5 和 S_6 施加开通信号后，由于饱和电感在较短的时间内不会饱和，原边电流不能突然增加，S_5 和 S_6 实现了 ZCS。由于一个高电压（输入电压和隔直电容峰值电压之和）加在饱和电感和变压器漏感两端，原边电流线性缓慢增加：

$$i_p(t) = \frac{U_{dc2} + U_{C_{bp2}}}{L_{c02} + L_{lk2}} t \tag{5-3}$$

当原边电流增加到饱和电感的饱和电流值时，由于变压器漏感很小，原边电流迅速增加到输出电流折算到原边的电流值，所以由变压器漏感引起的占空比丢失大大减小。

模式 2：$[t_2, t_3]$，对应图 5-10。

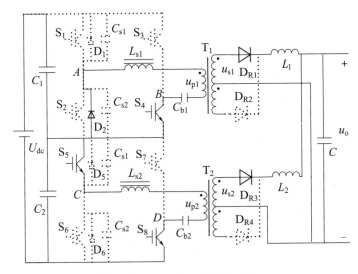

图 5-10　模态 2 的等效电路

单元 1 中在 D_2 开始导通后，电压 u_{AB} 箝位为零，并试图变负。与输入电压相比，隔直电容两端的电压非常小，并施加于变压器漏感两端。在这种模式中，由于隔直电容足够大，被认为是恒压源，原边电流线性减小。因此，储存在漏感中的能量传递到隔直电容。折算到二次侧的原边电流和滤波电感电流之差通过输出整流桥续流，饱和电感仍然处于饱和。

$$I_{p1}(t) = -\frac{U_{C_{bp1}}}{L_{lk1}}t + n_1 I_{01} \tag{5-4}$$

单元 2 中饱和电感 L_{s2} 饱和，$I_{p2}(t)$ 迅速增加至负载电流折算到原边的值，输入向输出传递功率，隔直电容 C_{b2} 两端电压线性增加：

$$u_{C_{b2}}(t) = \frac{n_2 I_{02}}{C_{b2}}t - U_{C_{bp2}} \tag{5-5}$$

模式 3：$[t_3, t_4]$，对应图 5-11。

单元 1 中，原边电流降低到零后将试图变负，然而由于饱和电感从饱和状态恢复，阻止电流负向变化，原边电流保持在零，S_4 实现了零电流关断。所有的隔直电容电压施加到饱和电感上，在这个模式中，隔直电容电压保持不变。副边整流二极管全部导通，变压器原副边电压为零。单元 2 电路工作状态和模式 2 相同。

模式 4：$[t_4, t_5]$，对应图 5-12。

单元 1 中，给开关管 S_2 和 S_3 施加开通信号，由于饱和电感在较短的时间内不会饱和，原边电流不能突然增加，滞后桥臂实现了 ZCS。由于一个高电压（输入电压和隔直电容峰值电压之和）加在饱和电感和变压器漏感两端，原边电流线

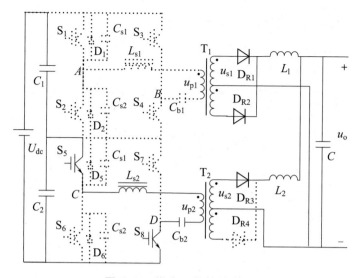

图 5-11　模态 3 的等效电路

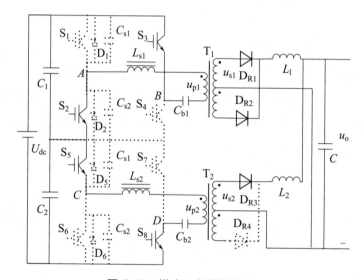

图 5-12　模态 4 的等效电路

性缓慢增加：

$$i_p(t) = \frac{U_{dc1} + U_{C_{bp1}}}{L_{c01} + L_{lk1}} t \tag{5-6}$$

单元 2 中 S_5 关断，通过原边的电流充电到吸收电容 C_{s5}，吸收电容 C_{s5} 电压线性增加：

$$u_{C_{s5}}(t) = \frac{n_2 I_{02}}{C_{s5} + C_{s6}} t \tag{5-7}$$

接着，二极管 D_6（S_6 的反并联二极管）导通，S_6 的开通实现了 ZVS。如果外加电容足够大，S_5 的关断损耗大大减少。

模式 5：$[t_5, t_6]$，对应图 5-13。

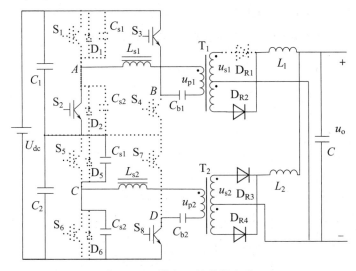

图 5-13　模态 5 的等效电路

单元 1 中，开关管 S_2 和 S_3 导通，副边功率二极管 D_{R1} 截止，D_{R2} 导通，饱和电感处于饱和状态，隔直电容两端电压从正的最大值开始线性减小。

$$u_{C_{b1}}(t) = U_{C_{bp1}} - \frac{n_1 I_{01}}{C_{b1}} t \tag{5-8}$$

单元 2 中 D_3 开始导通，电压 u_{AB} 箝位为零，进入续流时间。与输入电压相比，隔直电容两端的电压低得多，并施加于变压器漏感两端。在这种模式中，隔直电容看作一个恒压源，原边电流线性减小。

$$i_{p2}(t) = n_2 I_{02} - \frac{U_{C_{bp2}}}{L_{lk2}} t \tag{5-9}$$

储存在漏感中的能量传递到隔直电容。折算到变压器副边的原边电流和滤波电感的电流之差通过输出整流桥续流，饱和电感仍然处于饱和状态，这时半个工作周期结束，后半周期重复前半周期过程。此电路实现了超前桥臂的 ZVS 开关和滞后桥臂的 ZCS 开关。

5.3　ZVZCS 电路小信号建模

根据第 2 章对 ZVS 可控源电路的建模过程以及第 3 章对 ZVZCS 可控源电路的工作工程分析可知，两种电路共同点就是由于电感（ZVS 可控源电路中为谐振电感，ZVZCS 可控源电路中为饱和电感）的作用，变压器原边电流不能发生突变，电流上升率受输入电压、负载电流、电感、开关频率等因素的影响，不同点是受这些因素影响的时间不同[151]。下面重新画出 ZVZCS 可控源电路中的变压器原边电压、电流和副边电压的波形，如图 5-14 所示。

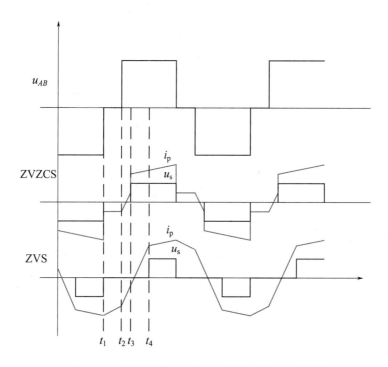

图 5-14　变压器原边电压、电流和副边电压波形

5.3.1　占空比丢失

根据图 5-14 进行分析。在 $t_1 \sim t_3$ 这段时间，变压器副边被短接，其副边电压为零，其原边电流从 $-I_c$ 以斜率 U_{dc}/L_{c0} 线性增加到 I_c，引起变压器副边电压占空比 D_{eff} 损失，这对变换器的动态特性有很大影响。变压器副边电压占空比为

$$D_{eff} = D - \Delta D \tag{5-10}$$

式中，D 为变压器原边电压占空比，ΔD 为变压器副边电压相对于原边电压的占空比损失。ΔD 的表达式为

$$\Delta D = \frac{4 I_c L_{c0}}{U_{dc} T_s} \tag{5-11}$$

变压器副边电压占空比由变压器原边电压占空比 D、饱和电感电流值 I_c、饱和电感值 L_{c0}、变换器输入电压 U_{dc}、开关频率 f_s 决定。为了精确建立系统的数学模型，需要确定 I_c、f_s、$\hat{u}_{dc}$、$\hat{d}$ 对 $\hat{d}_{eff}$ 的影响。

5.3.2 输入电压对占空比影响

图 5-15 给出了输入电压对变压器副边电压占空比的影响，稳态工作情况如图中实线所示。当输入直流电压增加扰动 $\hat{u}_{dc}$ 时，变压器原边电流的变化率增大，如图中虚线所示，与扰动前相比，原边电流达到饱和电流值 I_c 的时间更短，从而使变压器二次侧电压占空比 d_{eff} 增加。变化的时间 Δt 为

$$\Delta t = 2I_c \left(\frac{L_{c0}}{U_{dc}} - \frac{L_{c0}}{U_{dc} + \hat{u}_{dc}} \right) = 2I_c \,\hat{u}_{dc} \frac{L_{c0}}{U_{dc}(U_{dc} + \hat{u}_{dc})} \qquad (5\text{-}12)$$

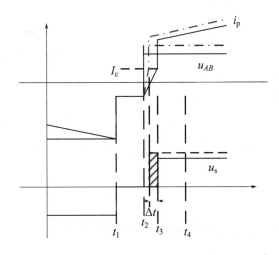

图 5-15　输入电压对变压器副边电压占空比的影响

由于 $U_{dc} \gg \hat{u}_{dc}$，Δt 近似为：

$$\Delta t = 2I_c \,\hat{u}_{dc} \frac{L_{c0}}{U_{dc}^2} \qquad (5\text{-}13)$$

由 $\hat{u}_{dc}$ 引起的变压器副边电压占空比的变化为

$$\hat{d}_u = \frac{\Delta t}{T_s / 2} = \frac{4 f_s L_{c0} I_c}{U_{dc}^2} \hat{u}_{dc} \qquad (5\text{-}14)$$

上式也可以写成

$$\hat{d}_u = \frac{R_d I_L}{n U_{dc}^2} \hat{u}_{dc} \qquad (5\text{-}15)$$

式中，$R_d = 4n^2 L_{c0} I_c f_s / I_L$。

5.3.3 小信号模型

由上述分析，可得

$$\hat{d}_{\text{eff}} = \hat{d} + \hat{d}_u \tag{5-16}$$

ZVZCS可控源电路的小信号电路模型如图5-16所示。为了强调$\hat{d}_u$由电路本身决定，不受控制电路的影响，它的作用由两个受控源表示，$\hat{d}$的作用由两个独立源代替。

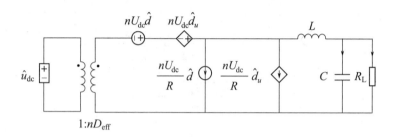

图 5-16 ZVZCS可控源电路的小信号模型

5.4 共同占空比控制的电路均压特性

组合可控源电路是由2个共用负载的ZVZCS可控源电路组合而成，在对组合可控源电路进行建模时，将其看作2个独立的ZVZCS可控源电路进行串并联，只是等效电路中参数发生了变化。

5.4.1 静态下的均压特性分析

利用开关网络平均法得到组合可控源电路的大信号模型[152]，如图5-17所示。组合可控源电路各单元输入端串联，输入电流相同，因而只要保证输入端串联均压，则各模块输入功率相同。由于输出端并联，输出电压相同，输出功率也相同（忽略模块损耗），单元输出端并联均流。因此，只要保证输入串联均压，就可以实现输出并联均流。实际电路由于制造工艺和元器件参数的差异，两单元不可能完全相同，因此必须分析静态工作时单元参数差异性对均压/均流特性的影响。可控源电路稳态工作时，根据伏秒平衡原则，一个开关周期内电感两端的平均电压值为零、流过电容的平均电流值也为零，由此得到组合可控源电路稳态工作时电压电流关系式：

$$U_{dc1} n_1 D_{eff1} = U_{dc2} n_2 D_{eff2} = U_o \tag{5-17}$$

$$I_{o1} n_1 D_{eff1} = I_{o2} n_2 D_{eff2} = I_i \tag{5-18}$$

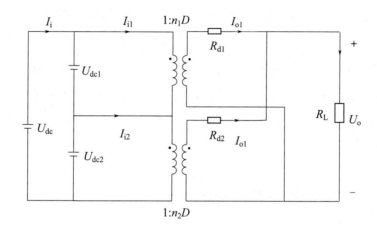

图 5-17　大信号模型

由式(5-17)、式(5-18)得：

$$\frac{U_{dc1}}{U_{dc2}} = \frac{I_{o1}}{I_{o2}} = \frac{n_2 D_{eff2}}{n_1 D_{eff1}} = \frac{n_2 (D_2 - \Delta D_2)}{n_1 (D_1 - \Delta D_1)} \tag{5-19}$$

当仅考虑变压器变比不一致时，因为 $D_1 = D_2 = D$，$\Delta D_1 < D_1$、$\Delta D_2 < D_2$，则由式(5-19)可得：

$$\frac{U_{dc1}}{U_{dc2}} = \frac{I_{o1}}{I_{o2}} \approx \frac{n_2}{n_1} \tag{5-20}$$

式(5-20)表明：两单元变压器变比不同时，输入串联电压之比等于输出并联电流之比，近似与变压器变比成反比；变比较小的单元，其输入电压和输出电流较大。

仅考虑占空比不同时，有关系式：

$$\frac{U_{dc1}}{U_{dc2}} = \frac{I_{o1}}{I_{o2}} \approx \frac{D_2}{D_1} \tag{5-21}$$

式(5-21)表明：占空比不同时，输入串联电压之比和输出并联电流之比均与占空比成反比；占空比较大的单元，其输入电压和输出电流较小。

仅考虑饱和电感未饱和时电感 L_{c0} 不一致且单元工作于连续模式的情况，有关系式：

$$\frac{U_{dc1}}{U_{dc2}}=\frac{I_{o1}}{I_{o2}}=\frac{D-\Delta D_2}{D-\Delta D_1}\approx\frac{D-\dfrac{4I_cL_{c01}}{U_{dc}T_s}}{D-\dfrac{4I_cL_{c02}}{U_{dc}T_s}} \tag{5-22}$$

式(5-22)表明：L_{c0}较大的单元分担的输入串联电压与输出并联电流较大；但由于$\Delta D\ll D$，故稳态工作时L_{c0}对均压均流的影响较小。

从上述分析可知，组合可控源电路静态工作时，均压和均流效果主要由变压器变比和控制占空比两个因素决定，在现代制作工艺及技术条件下，变压器的变比可以做到基本一样，其影响可以忽略；因驱动电路延时、开关管寄生参数等因素差异而造成的实际占空比偏差，可以通过选择参数基本一样的驱动芯片和开关管等措施来解决。因此，采用相同占空比控制的组合可控源电路在稳态工作时能够实现自动均压与均流。

5.4.2 动态下的均压特性分析

组合可控源电路仅满足静态均压、均流条件是不够的，当负载或输入电压发生突变时，两单元的输入电压存在暂态过程，可能造成其中一个单元的瞬时输入电压过高，有可能损坏元器件。因此，单元参数差异对输入端动态均压影响的分析是必需的。图 5-18 给出了组合可控源电路的小信号模型，因为对输出电压闭环控制，输出电压近似，得到折算到原边的等效小信号模型，如图 5-19 所示。

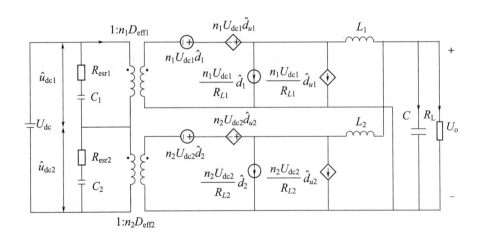

图 5-18 小信号模型

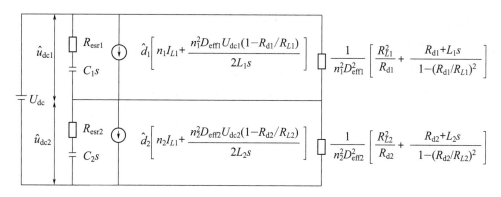

图 5-19　折算到原边的小信号模型

为了简化分析，假设两个单元的变压器原副边变比 n 和等效占空比 D_{eff} 都相同，根据图 5-19 可得两个单元输入电容上的电压差对输入电压的传递函数：

$$T(s) = \frac{\hat{u}_{dc1} - \hat{u}_{dc2}}{\hat{u}_{dc}} = \frac{Z_1 - Z_2}{Z_1 + Z_2} \tag{5-23}$$

式中，Z_1 和 Z_2 为两个单元各自的输入阻抗。

$$Z_1 = \frac{R_{d1}[R_{esr1}L_1C_1s^2/R_{d1} + (L_1/R_{d1} + R_{esr1}C_1)s + 1]}{(1 + n^2D_{eff}R_{d1}R_{esr1}/R_{L1}^2)L_1C_1s^2 + (n^2D_{eff}^2R_{d1}L_1/R_{L1}^2 + n^2D_{eff}^2C_1R_{esr1} + C_1R_{L1})s + n^2D_{eff}^2} \tag{5-24}$$

$$Z_2 = \frac{R_{d2}[R_{esr2}L_2C_2s^2/R_{d2} + (L_2/R_{d2} + R_{esr2}C_2)s + 1]}{(1 + n^2D_{eff}R_{d2}R_{esr2}/R_{L2}^2)L_2C_2s^2 + (n^2D_{eff}^2R_{d2}L_2/R_{L2}^2 + n^2D_{eff}^2C_2R_{esr2} + C_2R_{L2})s + n^2D_{eff}^2} \tag{5-25}$$

根据式（5-20）以及 Z_1 和 Z_2 的表达式可以看出，在两个模块的相对应的参数完全相同的情况下，输入串联电容电压差值为零，所以，在参数相同的情况下，共同占空比控制方式控制下的组合可控源电路可以实现输入侧的完全均压。

由图 5-19 可知，在动态工作过程中，影响组合可控源电路均压的主要参数是输入串联电容 C_1 和 C_2、变压器变比 n_1 和 n_2、输出滤波电感 L_1 和 L_2。

（1）输入串联电容对均压的影响

由式（5-23）可知，输入串联电容电压差的最大值发生在阶跃响应的 t_{0+} 时刻，根据初值定理可以推导出单元输入电压差的最大值为

$$[U_{dc1}(t) - U_{dc2}(t)]_{t=0+} = \lim_{s \to \infty} sT(s)\frac{1}{s} = \frac{C_1 - C_2}{(C_1 + C_2) + n^2D_{eff}^2M_cR_d/(2R_L^2)} \tag{5-26}$$

式中，$M_c = C_1R_{esr1} = C_2R_{esr2}$。

根据式(5-26)可以得知，输入串联电容上的电压差的最大值是与各单元的输入电容的差值成正比的。因此，输入电容一致性越好，在阶跃响应下，单元间输入电压的差值也越小，单元之间的均压效果越好。

在单元的输入串联电容值不相同的情况下，系统在给定阶跃响应中，随着时间的推移，根据拉普拉斯终值定理可以得到在稳定工作状态下的输入串联电容上电压的差值为

$$[U_{dc1}(t)-U_{dc2}(t)]_{t=\infty}=\lim_{s\to 0}sT(s)\frac{1}{s}=0 \tag{5-27}$$

根据式(5-27)可得，在阶跃响应下，当达到稳态时，各个单元的输入电容上的电压差值最终会变为零，各个单元输入串联电容上的电压实现均压。因此，各单元输入串联电容的大小差值不会影响组合可控源电路在稳态工作时的输入均压情况。

（2）变压器变比对均压的影响

在只考虑各个模块的变压器原副边变比不同，而其他参数相同的情况下，根据初值定理可得

$$[U_{dc1}(t)-U_{dc2}(t)]_{t=0+}=\lim_{s\to\infty}sT(s)\frac{1}{s}=\frac{[(n_2D_{eff})^2-(n_1D_{eff})^2]\dfrac{R_dR_{esr}}{4R_L}}{2+[(n_2D_{eff})^2-(n_1D_{eff})^2]\dfrac{R_dR_{esr}}{4R_L}} \tag{5-28}$$

当组合可控源电路工作在连续模式时，$R_dR_{esr}\ll 4R_L^2$ 是成立的，因此，可以认为 $[U_{dc1}(t)-U_{dc2}(t)]_{t=0+}\approx 0$。组合可控源电路在稳态工作时，根据终值定理可得

$$[U_{dc1}(t)-U_{dc2}(t)]_{t=\infty}=\lim_{s\to 0}sT(s)\frac{1}{s}=\frac{n_2^2-n_1^2}{n_2^2+n_1^2} \tag{5-29}$$

在现代制作工艺和技术条件下，变压器绕制过程中，变比可以做到基本一致，即 $(n_2^2-n_1^2)\ll(n_2^2+n_1^2)$，则稳态均压误差 $[U_{dc1}(t)-U_{dc2}(t)]_{t=\infty}\approx 0$，即在稳态运行过程中，同样可以实现较好的均压效果。

（3）输出滤波电感对均压的影响

在只考虑各个单元的输出滤波电感不同，而其他参数相同的情况下，根据初值定理和终值定理可得

$$[U_{dc1}(t)-U_{dc2}(t)]_{t=0+}=\lim_{s\to\infty}sT(s)\frac{1}{s}=0 \tag{5-30}$$

$$[U_{dc1}(t)-U_{dc2}(t)]_{t=\infty}=\lim_{s\to 0}sT(s)\frac{1}{s}=0 \tag{5-31}$$

由上可知，各单元输出滤波电感的不同对输入电容电压分压的动态响应影响较小。

5.5 仿真与实验

5.5.1 仿真

根据以上对三电平可控源电路的分析，采用 OrCAD/PSpice 对电路进行仿真，仿真电路参数和器件如下：

- 输入电压：500V；
- 输出电压：30V；
- 输出电流：200A；
- 开关管：CM150DY-24H；
- 高频整流二极管：MUR20020CT。

图 5-20 给出了组合可控源电路仿真模型，采用两个 ZVZCS 可控源电路输入

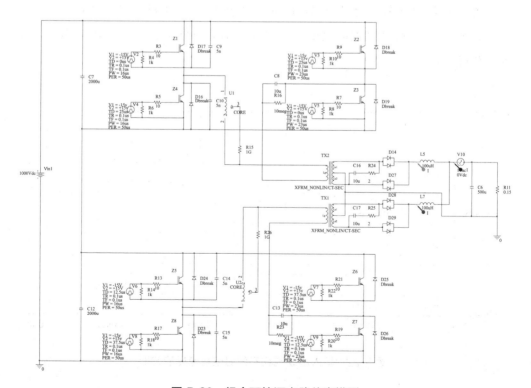

图 5-20　组合可控源电路仿真模型

串联输出并联的方式，两个单元采用交错控制方式，驱动信号错开 $\pi/2$；图 5-21 给出了输出电流波形，从图中看出，采用交错控制方式，输出电流纹波频率增加一倍，纹波幅值减小一倍，可有效缩小输出滤波器的体积。

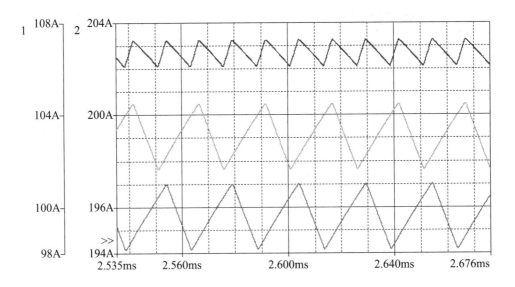

图 5-21　组合可控源电路输出电流波形

图 5-22 给出了输入串联电容不同时电容电压的波形（$C_1 = 2\mathrm{k\mu F}$，$C_2 = 1.9\mathrm{k\mu F}$），可以看出，初始时刻电压差最大，随着时间的推移，电压差为零，和理论分析一致。

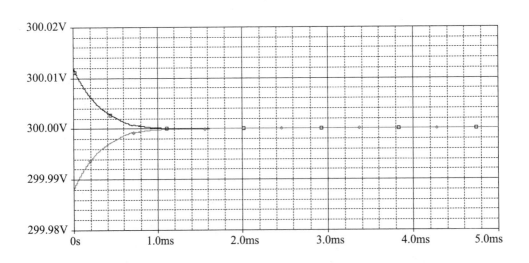

图 5-22　输入串联电容不同时电容电压的波形

图 5-23 给出了变比不同时变压器电路输入串联电容电压波形（$n_1 = 100 : 20$，$n_2 = 100 : 20$），在初始时刻两个电容上的电压差为零，随着时间的推移，电压差逐渐增大，并稳定在 6V。

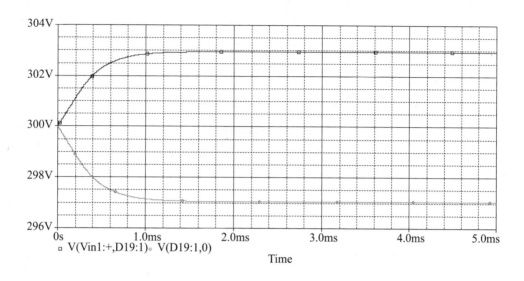

图 5-23　变比不同时变压器电路输入串联电容电压波形

图 5-24 给出了滤波电感不同时输入串联电容电压变化波形（$L_1 = 40\mu H$，$L_2 = 20\mu H$）。可以看出，输出滤波电感的不同对电容均压影响较小。

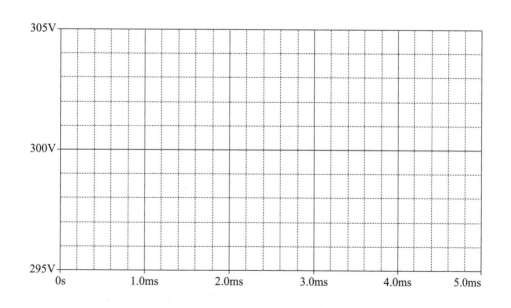

图 5-24　滤波电感不同时输入串联电容电压变化波形

5.5.2 实验

根据第 3 章的实验参数，设计两台 ZVZCS 可控源电路，形成输入串联输出并联的组合可控源电路，测试数据如表 5-1 所示。图 5-25 和图 5-26 分别给出了相应的差值曲线。由于电路元器件型号和参数的差异，输入电压有一个 4V 左右的偏差，并联输出电流基本相同，验证了采用共同占空比控制的组合可控源电路可以实现输入均压和输出均流，满足了海洋电磁发射机深部探测的要求。

表 5-1　测试数据

负载	C_1 电压	C_2 电压	L_1 电流	L_2 电流
15A	270V	266V	6.7A	7.1A
45A	265V	260V	20.1A	20.3A
75A	263V	261V	32.4A	32.6A
90A	264V	261V	38.8A	39A
105A	260V	257V	49.7A	49.8A
135A	261V	258V	63A	63.1A
150A	260V	257V	71.2A	71.2A
180A	259V	256V	83.3A	83A
210A	260V	257V	97.1A	96.7A
240A	260V	257V	111.5A	111.2A
270A	258V	255V	123A	123.2A

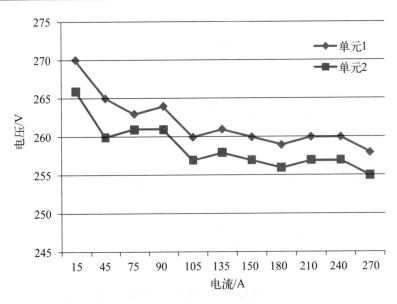

图 5-25　输入串联电容电压差值曲线

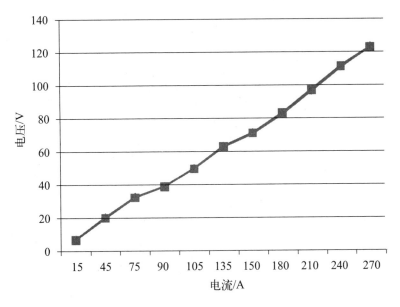

图 5-26　输出并联电感电流差值曲线

5.6　本章小结

为了满足海洋电磁发射机高传输电压要求，本章介绍了一种输入串联输出并联的可控源电路，分析了电路结构、工作模态、电路特性等，主要内容如下：

1）介绍了组合直流变换器的组合方式，根据不同组合电路的特点，选择输入串联输出并联组合方式，然后对其控制策略进行讨论，选择共同占空比控制方式，系统控制简单，动态响应快，均压效果良好。

2）采用 ZVZCS 可控源电路单元构建组合可控源电路，对电路的工作过程进行分析，通过交错控制，减低了输出电流的纹波。

3）根据第 2 章移相软开关可控源电路建模方法，建立了组合可控源电路的大信号和小信号数学模型。

4）分析了共同占空比控制下组合可控源电路的均压特点，主要分为静态均压和动态均压。分析结果表明该电路参数不一致对动静态均压效果影响较小。

5）对电路进行了仿真和实验，验证了所提电路具有良好的均压效果，可以满足海洋电磁发射机深部探测的要求。

第6章 >>>

级联 H 桥可控源整流电路

目前电磁发射机可控源整流电路一般采用二极管整流＋电容滤波，功率因数较低，电容体积大，能量不能回馈，导致水下拖体体积增大。此外在深部探测中，大功率电磁发射机的输出电流通常达到几百安培，根据阻抗匹配要求，输入电压通常达到上千伏特。为解决高压输入、大功率输出条件下电路阻抗匹配问题，本章引入级联 H 桥可控源电路。首先分析了电磁发射机的可控源整流电路的拓扑结构和工作原理，其次将级联 H 桥整流结构和有源功率解耦技术引入可控源整流电路，分析了所采用电路的工作原理，然后提出了一种基于线性自抗扰控制的控制策略，设计了线性自抗扰控制器。

6.1 电磁发射机可控源整流电路分析

常规电磁发射机可控源整流电路结构如图 6-1 所示，其中 u_g 代表交流电压，i_g 代表交流电流，C_{dc} 代表直流侧电容，u_{dc} 代表直流母线电压，其工作波形如图 6-2 所示。$\omega t < 0$ 时，二极管均关断，电容 C 向负载 R 放电，u_{dc} 呈下降趋势；$\omega t = 0$ 时，二极管 D_1 和 D_4 导通，交流侧电源向电容 C 充电，同时向负载 R 供电。

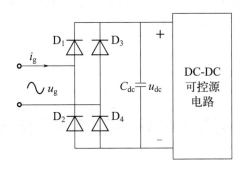

图 6-1　常规电磁发射机可控源整流电路

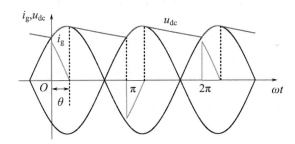

图 6-2　常规电磁发射机可控源整流电路工作波形

上述电路中交流侧电流 i_g 的波形含有较严重的谐波，系统交流功率因数较低，会对电磁发射机系统造成谐波污染，该电路的电流谐波总畸变率 THD 的表达式为：

$$THD = \frac{I_h}{I_1} \times 100\% \tag{6-1}$$

式中，I_h 为总谐波电流有效值；I_1 为基波电流有效值。IEEE 1547-2003 中要求并网设备输入电流总谐波畸变小于 5%，这对于深海探测时电磁发射机的可靠运行具有重要意义。为减少电路损耗，有文献[25]将双有源桥变换器作为 DC-DC 可控源电路，实现能量双向流动，但整流滤波电路仍使用电容滤波的二极管不可控整流电路，能量不能继续向前回馈，电路仍存在损耗。此外，由于电磁发射机为高压输入，且 DC-DC 可控源电路向前级回馈能量，这将使直流母线电压出现波动。为稳定直流母线电压，目前普遍使用大容值的电解电容，电容值计算表达式为

$$C_{dc} \geqslant \frac{3 \sim 5}{2R}T \tag{6-2}$$

式中，R 为负载，T 为交流电源的周期。

因滤波电容容值增大会导致水下拖体的体积增大，这对于大功率电磁发射机是不可行的。考虑到电磁发射机拖体长时间在水下工作，水下存在各种不确定因素，会加快耗尽电解电容的使用寿命，电解电容本身寿命较短，故电磁发射机的水下拖体的整流滤波电路采用不可控整流电路是不利的。本章将级联 PWM 整流结构引入可控源电路，并结合 APD 技术，系统可获得平滑的直流电压，同时可以减小水下拖体的体积。

6.2　CHBR 有源功率解耦可控源整流电路

为便于分析，以两模块 CHBR 为例，APD 电路采用一个半桥和分裂电容式电路，结合单相 CHBR 有源功率解耦拓扑，如图 6-3 所示。其中每个级联单元由

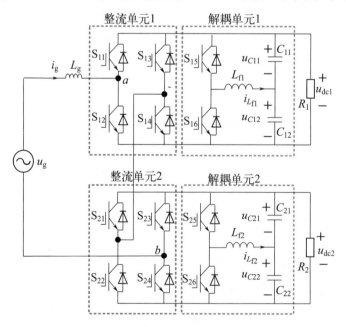

图 6-3　单相 CHBR 有源功率解耦拓扑

传统单相全桥 PWM 整流电路和用于纹波功率补偿的 APD 电路组成。以第一个级联模块为例，APD 电路由开关管 S_{15}、S_{16} 以及两个相同的解耦电容 $C_{11} = C_{12} = C$ 和一个解耦电感 L_{f1} 组成。

APD 电路的基本原理在于通过控制开关管将系统固有的二次脉动能量存储在容量更小的 C_{i1} 和 $C_{i2}(i = 1, 2)$ 中，从而抑制直流侧输出电压中的二次脉动电压，提高了系统的功率密度。为便于进一步分析 APD 电路的工作原理，设电网电压的角频率为 ω，幅值为 U_g，交流侧输入电流幅值为 I_g，则交流侧电压和电流可表示为

$$\begin{cases} u_g = U_g \sin(\omega t) \\ i_g = I_g \sin(\omega t + \varphi) \end{cases} \quad (6\text{-}3)$$

式中，φ 表示交流侧输入电压与输入电流的夹角。

交流侧瞬时功率 p_g 表示为

$$p_g = u_g i_g + L_g \frac{\mathrm{d}i_g}{\mathrm{d}t} i_g = \frac{U_g I_g}{2} \cos\varphi - \frac{U_g I_g}{2} \cos(2\omega t + \varphi) + \frac{\omega L_g I_g^2}{2} \sin(2\omega t + 2\varphi)$$

$$(6\text{-}4)$$

由式(6-4)可知，交流侧瞬时功率包含二次脉动功率，其传递到直流侧后会使直流侧输出电压衍生二次脉动电压。

解耦电容不仅需要存储二次脉动功率，同时要稳定直流侧输出电压。因 $C_{i1} = C_{i2} = C$，故两个电容的平均电压相等。为实现功率解耦，两个电容应再叠加上幅值相等、相位相差 $180°$ 的基频电压分量，即电容的电压 $u_{C_{i1}}$ 和 $u_{C_{i2}}$ 表示为

$$\begin{cases} u_{C_{i1}} = \dfrac{U_{dci}}{2} + U_C \sin(\omega t + \theta) \\ u_{C_{i2}} = \dfrac{U_{dci}}{2} - U_C \sin(\omega t + \theta) \end{cases} \quad (6\text{-}5)$$

式中，U_C 为解耦电容交流分量电压幅值，取值范围为 $0 \sim U_{dci}/2$；θ 为电容电压的交流分量与电网电压的相位差。

对式(6-5)进行微分，可求得流过电容的电流 $i_{C_{i1}}$ 和 $i_{C_{i2}}$，由 KCL 求得流过解耦电感的电流 $i_{Lfi}(i = 1, 2)$ 为

$$\begin{cases} i_{C_{i1}} = \omega C U_C \cos(\omega t + \theta) \\ i_{C_{i2}} = -\omega C U_C \cos(\omega t + \theta) \\ i_{Lfi} = -2\omega C U_C \cos(\omega t + \theta) \end{cases} \quad (6\text{-}6)$$

则解耦电容所提供的总瞬时功率为

$$p_C = p_{C1} + p_{C2} = 2[\omega C U_C^2 - 2\omega L_f (\omega C U_C)^2] \sin(2\omega t + 2\theta) \quad (6\text{-}7)$$

令式（6-7）与式（6-4）的时变项相等，则电容电压基频电压分量的幅值和相位可表示为

$$U_C = \sqrt{\dfrac{\sqrt{(U_g I_g)^2 + (\omega L_g I_g^2)^2 - 2\omega L_g U_g I_g^3 \sin\varphi}}{4\omega C - 2\omega L_f (2\omega C)^2}} \tag{6-8}$$

$$\theta = \pm\dfrac{\pi}{2} + \dfrac{1}{2}\arctan\dfrac{\omega L_g I_g \sin(2\varphi) - U_g \cos\varphi}{\omega L_g I_g \cos(2\varphi) + U_g \sin\varphi} \tag{6-9}$$

通过控制可实现二次脉动功率的转移，从而抑制直流侧二次脉动电压。水下拖体的体积大小主要取决于 APD 电路的电容容量。由于解耦电容电压的交流分量幅值 U_C 最大为 $U_{dci}/2$，为便于分析，忽略交流侧电感产生的功率，结合式（6-8）可推导得解耦电容最小值为

$$C = \dfrac{U_g I_g}{\omega U_{dci}^2} \tag{6-10}$$

对于使用大容量电解电容的两模块单相级联 H 桥整流器，每个模块的电解电容 C_{dc} 大小为

$$C_{dc} = \dfrac{U_g I_g}{4 U_{dci} \Delta U_{dci} \omega} \tag{6-11}$$

式中，ΔU_{dci} 代表直流侧输出电压允许的电压脉动范围。若取直流侧电压脉动率为 2%，结合式（6-10）与式（6-11）可得

$$\dfrac{C_{dc}}{C} = 12.5 \tag{6-12}$$

电容容值大为减小，因此 APD 电路的引入极大地减小了水下拖体的体积，提升了深海探测发射机的功率密度和工作性能。

6.3　CHBR 有源功率解耦电路控制策略

6.3.1　基于线性自抗扰控制的系统控制策略

深海中存在各种因素，可以导致整流滤波输出后的电压抗扰能力下降，使后级 DC-DC 可控源电路的输入电压为不平滑的直流电压，影响其工作性能。对于直流侧电压的控制，目前多使用 PI 控制器，但 PI 控制器不能同时兼顾快速性与超调量，抗扰能力差。线性自抗扰控制器（LADRC）可同时兼顾响应与超调，且不依赖于控制对象的数学模型，在工程实践中得到了广泛应用，故将 LADRC 控制器引

入直流侧电压外环中，CHBR 结合 APD 电路的系统控制策略如图 6-4 所示。

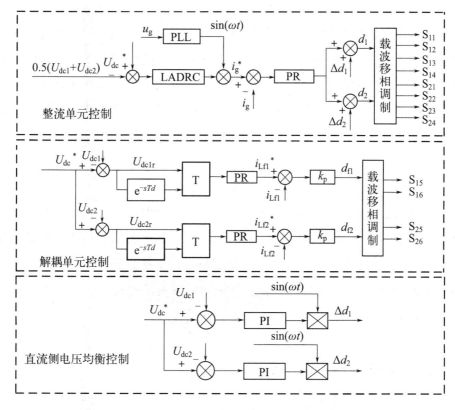

图 6--4　CHBR 结合 APD 电路的系统控制策略

该控制策略包含三个部分：整流单元控制、解耦单元控制和直流侧电压均衡控制。整流单元控制环路的功能是使级联各模块输出电压跟踪参考电压，并实现对网侧电流的控制；解耦单元控制环路的功能为抑制系统固有二次脉动功率；直流侧电压均衡控制环路的功能为保持各 H 桥输出直流电压相等。

对于整流单元控制环路，为提升直流电压抗扰性能，在电压外环中使用 LADRC 控制器代替 PI 控制器，LADRC 控制器的输出值 i_{gd} 乘以交流电压相位，生成网侧电流的参考值 i_g^*，由于比例谐振（PR）控制器可以对交流信号实现无静态误差跟踪，故电流内环采用谐振频率为 ω 的 PR 控制器实现网侧电流 i_g 对参考值的跟踪。

考虑到级联模块间出现参数不一致或系统受到扰动时会引起模块间不均衡问题，经过 PR 控制器输出的信号还需叠加直流侧电压均衡信号，直流侧电压均衡控制具体形式为各级联模块单元的输出电压与参考电压值 U_{dc}^* 作比较后经过 PI 控制器生成调节信号，该信号乘以网侧电压相位得到调制信号的补偿量 Δd_i（$i=1,2$）。PR 控制器输出信号叠加电压均衡控制信号生成各级联模块整流单元的调

制信号 d_i，然后与经载波移相调制的载波比较，生成各整流桥开关管的驱动信号。

对于解耦单元控制环路，控制方式是将单模块 APD 电路[21] 的控制方式扩展到多模块中，并引入 CPS-SPWM 策略。当各模块直流电压在整流单元控制下达到参考值 U_{dc}^* 时，各模块直流电压参考值和反馈值之差为二次脉动分量 U_{dcir}。将 U_{dcir} 经过延迟环节延迟 90 度，并同 U_{dcir} 进行正交变换，降至基频分量，正交变换矩阵表示为

$$T = \begin{pmatrix} \cos\omega t & \sin\omega t \\ -\sin\omega t & \cos\omega t \end{pmatrix} \tag{6-13}$$

正交变换后输出的基频分量用谐振频率为 ω 的 PR 控制器对其控制，并生成各模块解耦电感电流的参考值 i_{Lfi}^*。由于解耦电感电流的波形并非严格要求为正弦形状，故选择简单的比例控制器 K_p 对解耦电感电流进行控制，并生成解耦半桥桥臂的调制信号 d_{fi}，然后与经载波移相调制的载波比较，生成解耦半桥桥臂各开关管的驱动信号。

6.3.2 LADRC 控制器设计

LADRC 主要由两个部分组成：线性扩张状态观测器和线性状态误差反馈控制率。对于大多数单输出系统，其数学模型可表示为

$$\begin{cases} x^{(n)} = f(x, \cdots, x^{(n-1)}, \omega(t), t) + bu(t) \\ y = x(t) \end{cases} \tag{6-14}$$

式中，$\omega(t)$ 为系统受到的外扰，b 代表控制器增益，函数 f 包含内部扰动与外部扰动之和，$u(t)$ 代表控制量，y 为系统的输出。

自抗扰控制的核心为扩张状态观测器，其对系统总扰动进行实时跟踪并进行补偿，从而实现线性化。选取系统输出 y 和总扰动 f 作为状态变量，则一阶 LESO 可表示为

$$\begin{cases} e = y - x_1 \\ x_1 = x_2 + \beta_1 e + bu \\ x_2 = \beta_2 e \end{cases} \tag{6-15}$$

式中，e 为观测误差，x_1、x_2 分别为系统输出 y 的观测值和总扰动 f 的观测值，β_1 和 β_2 为观测器的两个可调参数，其取值取决于观测器的带宽 ω_0，一般取：

$$[\beta_1,\beta_2]=[2\omega_0,\omega_0^2] \tag{6-16}$$

当观测器能准确跟踪 x_2 的值时，控制率为

$$u=\frac{u_0-x_2}{b_0} \tag{6-17}$$

式中，b_0 代表 b 的估计值。

系统可看成一个单积分器系统：

$$y=u_0 \tag{6-18}$$

线性状态误差反馈控制率（LSEF）的设计可以表示为

$$u_0=K_p(y^*-x_1) \tag{6-19}$$

式中，K_p 为可调参数，y^* 为系统的给定值。可由控制器的带宽 ω_c 设计 K_p 的值，表示为

$$K_p=\omega_c \tag{6-20}$$

一阶 LADRC 的结构框图如图 6-5 所示。

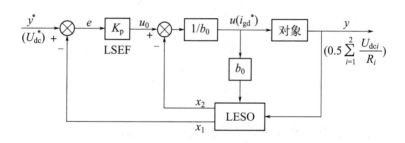

图 6-5 一阶 LADRC 结构框图

综上，LADRC 控制器需要调节的参数可简化为 ω_0、ω_c、b_0。

对于控制器带宽 ω_c 和观测器带宽 ω_0 的参数选取，两者取值越大则系统响应越快，但系统的稳定性裕度会下降，且应满足 $\omega_c<\omega_0$，可根据经验取值为

$$\omega_0=(3\sim5)\omega_c \tag{6-21}$$

单相级联 H 桥整流器为典型的非线性系统，参数 b_0 难以准确获得，在调节参数过程中，应先给予 b_0 较大的值，使系统稳定，然后不断调节 b_0、ω_0、ω_c 之间的关系，使系统达到最优效果。

为设计 LADRC 控制器，先对图 6-3 所示拓扑进行分析。为便于分析，不计开关器件的损耗以及电容元件的寄生电阻。由 KCL 可得

$$C_{eq}\frac{\mathrm{d}\left(0.5\sum_{i=1}^{2}u_{dci}\right)}{\mathrm{d}t}=0.5\sum_{i=1}^{2}d_i i_g-0.5\sum_{i=1}^{2}\frac{u_{dci}}{R_i} \tag{6-22}$$

式中，$d_i(i=1,2)$为第i个整流单元的调制信号，C_{eq}为每个解耦电路中的串联等效容值，大小为$C/2$。

式(6-22)可以等效为

$$\frac{\mathrm{d}\left(0.5\sum_{i=1}^{2}u_{dci}\right)}{\mathrm{d}t}=-\frac{0.5}{C_{eq}}\sum_{i=1}^{2}\frac{u_{dci}}{R_i}+\frac{0.5}{C_{eq}}\sum_{i=1}^{2}d_i i_g \tag{6-23}$$

令 $x_1=0.5\sum_{i=1}^{2}u_{dci}$，$f=-\frac{0.5}{C_{eq}}\left(\sum_{i=1}^{2}\frac{u_{dci}}{R_i}\right)$，$u=i_g^*$，$b=\frac{0.5}{C_{eq}}\sum_{i=1}^{2}d_i$，则式(6-23)可等价为

$$\frac{\mathrm{d}x_1}{\mathrm{d}t}=f+bu \tag{6-24}$$

故整流单元控制环路的电压外环可使用 LADRC 控制器进行设计。

令 $0.5\sum_{i=1}^{2}u_{dci}$ 的观测值为 x_1，f 的观测值为 x_2，则结合式(6-15)，LESO 可表示为

$$\begin{cases} x_1=\beta_1\left(0.5\sum_{i=1}^{2}u_{dci}-x_1\right)+x_2+bi_g^* \\ x_2=\beta_2\left(0.5\sum_{i=1}^{2}u_{dci}-x_1\right) \end{cases} \tag{6-25}$$

LADRC 的 LSEF 及控制率部分仍按式(6-17)～式(6-20) 设置。

6.4 仿真

在仿真软件中搭建基于 APD 电路的单相 CHBR 模型，系统参数如表 6-1 所示。

表 6-1 单相 CHBR 系统参数

参数	数值	参数	数值
侧电压峰值 u_g/V	3500	开关频率 f_s/kHz	10
电网频率 f/Hz	50	解耦电容 C_{11}、C_{12}、C_{21}、C_{22}/μF	100
输入电感 L_g/mH	4	解耦电感 L_{f1}、L_{f2}/mH	0.8
直流侧输出电压 U_{dc1}、U_{dc2}/V	2600		

图 6-6 给出了基于有源功率解耦的 CHBR 输出波形。在投入 APD 电路之前，由于各模块 H 桥整流器并未并联大容量的电解电容，直流侧电压存在 234V 的波动，网侧电流畸变明显，网侧功率因数较低；在 0.1s 时投入 APD 电路对二次脉动功率进行抑制，系统达到稳态后各模块的直流侧电压波动降为 10V，直流侧电压脉动范围为其参考值的 0.38%，直流侧电压脉动率减小了 95.7%。

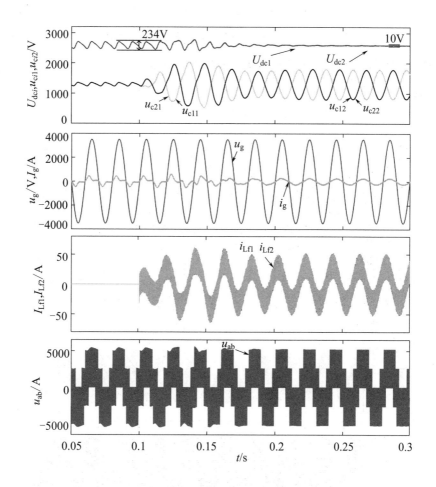

图 6-6　基于有源功率解耦的 CHBR 输出波形

当不使用 APD 电路时，若要取得相同的直流母线电压脉动范围，需要并联 827μF 的电容，在 0.1s 投入 APD 电路后，网侧电流波形形状改善，呈正弦波形状，与网侧电压相位一致，网侧功率因数得到改善。在 0.1s 后投入功率解耦电路及功率解耦控制，解耦电感电流波形与理论分析相符合。由于级联模块数量为两个，CHBR 的输入侧电压呈五电平阶梯波形状。

仿真结果证明了所提控制策略的有效性，在保证直流侧电压具有相同的电压脉动时，使用 APD 电路可以减少所需的电容容值，提升系统功率密度，减少电磁发射机水下拖体的体积，有利于深海探测装置的长期运行。

由于设备长期运行，船上电源会输出含有高次谐波含量的单相交流电压，从而对后级电路产生影响。为验证 CHBR 的工作性能，向工频交流电压注入 10% 的五次谐波进行模拟仿真。交流输入电压含谐波时系统输出波形如图 6-7 所示，结合图 6-6 可知，稳态运行后直流侧输出电压脉动范围并未大幅增大，直流侧输出电压整体相对平滑，可用作后级双有源桥电路的输入电压。网侧交流电压含高次谐波时，网侧电流仍呈较好的形状，和网侧电压保持同相位，高次谐波对网侧功率因数影响不大。

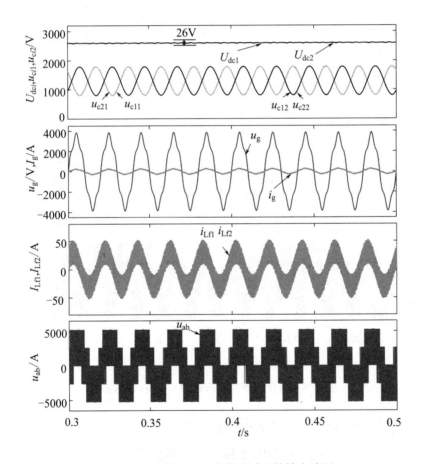

图 6-7 交流输入电压含谐波时系统输出波形

根据图 6-8 和图 6-9 给出的系统输出波形可验证所提控制策略的优越性。仿真时在 0.07s 投入 APD 电路，在 0.25s 进行负载突变，系统负载由 $R1 = R2 = 1000\Omega$ 变化为 $R1 = 500\Omega$，$R2 = 550\Omega$。结合图 6-9 和图 6-10 可知，在初始运行

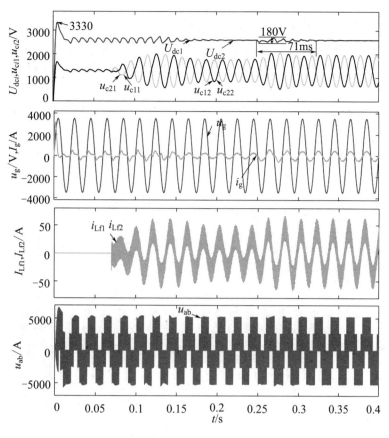

图 6-8 PI 控制时系统输出波形

时刻，采用传统 PI 控制时直流侧输出电压在 0.02s 时达到给定值，最大超调为 3300V，采用 LADRC 控制时直流侧输出电压在 0.013s 时无超调地达到给定值。在负载突变时，PI 控制下直流侧电压波动幅值为 180V，经过 0.71s 再次达到稳态并完成功率解耦；LADRC 控制下直流侧电压波动幅值为 127V，经过 0.65s 再次达到稳态并完成功率解耦。

仿真结果表明，所提控制策略减小了直流电压超调，缩短了系统达到稳态的时间，提高了系统的动态响应速度，有利于电磁发射机在不同海底地质下进行探测。

表 6-2 给出了不同类型整流滤波电路性能对比。

表 6-2　不同类型整流滤波电路性能对比表

电路类型	功率因数	交流电流 THD	电容值
电容滤波的不可控整流	0.61	130.9%	3300μF
电容滤波的级联 H 桥 PWM 整流	0.98	3.57%	827μF
基于 APD 的级联 H 桥 PWM 整流	0.98	3.11%	50μF

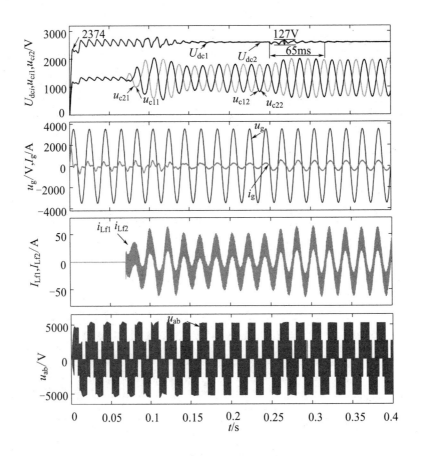

图 6-9　LADRC 控制时系统输出波形

6.5　本章小结

　　本章针对常规电磁发射机可控源电路存在的问题，对可控源电路结构进行改进，提出一种直流电压优化控制策略。将级联 PWM 整流结构和 APD 电路引入可控源电路中，电路的等效直流链路电容仅需 $50\mu F$，功率因数提升到 0.98，提高了电磁发射机的运行可靠性。LADRC 控制减小了系统的启动超调，增强了直流电压在水下因素影响时的抗扰特性。

　　通过仿真分析，验证了所用可控源电路的可行性以及抗扰控制策略的有效性，电磁发射机的体积有所减小，工作抗扰性能提升，可以满足了深海探测的特殊要求。

第 7 章 >>>
样机试验

前面章节介绍了四种可控源电路，我们采用第 2 章所述的移相软开关可控源电路，研制出 200A 的海洋电磁发射机样机，并进行了野外试验。

7.1　海洋电磁发射机电路结构

海洋电磁发射机电路结构如图 7-1 所示。主电路包括工频整流滤波电路、移相软开关可控源电路（H1 桥）、发射电路（H2 桥）。控制电路由两块 DSP 组成，其中 DSP1 负责对可控源电路的电压、电流双闭环控制，DSP2 负责控制发射桥以及与 DSP1 和上位机的通信。

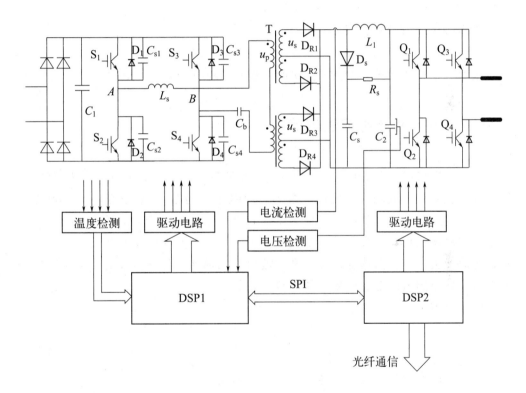

图 7-1　海洋电磁发射机电路结构图

海洋电磁发射机主要参数要求：

- 输入单相交流电压：500V；
- 输入交流电频率：50Hz；
- 输出电流：200A；
- 输出电压：30V；
- 发射频率：0.05～100Hz。

7.2 参数计算及元器件选取

7.2.1 工频整流桥的选择

输入电流在最大负载下达到最大值，同时设可控源电路效率为 90%，则最大输入电流有效值为

$$I_{in_{max}} = \frac{P_{o_{max}}}{\sqrt{3}U_{in}\eta} = \frac{6000}{500 \times 0.9} = 13.3(A) \tag{7-1}$$

输入电压的最高峰值为

$$U_{in,p} = \sqrt{2} \times 500 = 707(V) \tag{7-2}$$

根据以上要求，选择 IXYS 公司的单相整流桥 VBO30-14NO7。

7.2.2 输入滤波电容的选择

输入滤波电容 C_1 越小，母线电压 U_{dc} 脉动越大。在闭环调节时，反馈调节幅度大，就需要较大的占空比调节范围，同时过小的 $U_{dc_{min}}$ 会使变压器原副边变比减小，导致原边开关管的电流应力增大，副边整流二极管的电压应力增大，不利于控制系统的设计。如果输入滤波电容 C_1 太大，会导致输入电流脉冲宽度变窄，峰值变大，一方面增加整流管和滤波电容的损耗，另一方面会使电流波形畸变严重，功率因数降低，电磁干扰严重[153]。

输入电容值为

$$C_1 = \frac{P_{o_{max}}}{\eta f_{in}[(\sqrt{2}U_{in})^2 - (\sqrt{2}U_{in} - U_{pp})^2]} \tag{7-3}$$

假定整流滤波后的脉动直流电压的最大值为

$$U_{pp} = 20\% \times \sqrt{2}U_{in} \tag{7-4}$$

可以求出 C_1 为 $743\mu F$，考虑到容量和耐压要求，选用 6 个 $470\mu F/450V$ 的电解电容。

7.2.3 H1 桥开关管

直流输入电压峰值为

$$\sqrt{2} \times U_{in} = 707V \tag{7-5}$$

考虑到关断时的过压和输入电压浪涌，IGBT 的耐压取 1200V。流过 IGBT 的峰值电流为

$$I_{s_{max}} = \left(I_{o_{max}} + \frac{1}{2}\Delta I\right) / n \tag{7-6}$$

式中，ΔI 为电感电流最大纹波峰峰值，选取最大输出电流的 20%。由于采用移相软开关控制方式，流过 IGBT 的最大平均电流约为峰值电流的一半，可以求出其值为 11A，选用 Infineon 公司的 FF50R12RT4。

7.2.4 高频变压器

(1) 变比 n

变比的计算原则是电路在最大占空比和最低输入电压的条件下，输出电压仍能达到要求的上限，考虑到电路中的压降，输出电压应留有裕量：

$$n \geqslant \frac{U_{o_{max}} + \Delta U}{U_{in_{min}} D_{max}} \tag{7-7}$$

式中，$U_{in_{min}}$ 为输入直流电压最小值，由于采用双变压器并联结构，取 225V；D_{max} 为最大占空比，取 0.9；$U_{o_{max}}$ 为输出电压最大值，取 35V；ΔU 为电路中的压降，包括整流二极管和线路压降等，取 2V。则可求出变比 n 为 0.2。

(2) 选取铁芯

根据 Ap 法选择铁芯：

$$Ap = A_e A_w = \frac{P_t}{2\Delta B k_c j f_s} \tag{7-8}$$

式中，A_e 为铁芯磁路截面积；A_w 为铁芯窗口面积。P_t 为变压器一次侧和二次侧的总功率，由于采用全波整流，取 7kW。f_s 为开关频率，取 20kHz。ΔB 为铁芯材料所允许的最大磁通密度的变化量，取 0.2T。j 为变压器绕组导体的电流密度，取 $4A/mm^2$。k_c 为绕组在铁芯窗口中的填充系数，取 0.5。代入式(6-8)，可以求出 Ap 为 $43cm^4$。选择 E80/38/20-3C94 铁氧体铁芯，铁芯磁路截面积为 $3.92\times10^{-4}m^2$，铁芯磁路截面积与窗口面积之积满足要求。

(3) 绕组匝数

二次绕组匝数为

$$N_2 = \frac{U_{o_{max}} T_s}{2\Delta B A_e} = \frac{35\times50}{2\times0.2\times3.92\times10^{-4}} = 11 \tag{7-9}$$

一次绕组匝数可由二次绕组匝数和变比求出：

$$N_1 = 11 \div 0.2 = 55 \tag{7-10}$$

二次绕组的导体截面积为

$$A_{c2} = \frac{I}{j} = 17.5(\text{mm}^2) \tag{7-11}$$

一次绕组的导体截面积为

$$A_{c1} = 3.5\text{mm}^2 \tag{7-12}$$

7.2.5 高频整流二极管

变压器副边整流二极管承受的反向电压最大值为整流电压最大值除以变压器变比，取70V。考虑到二极管关断时产生的电压尖峰，选取二极管耐压值为600V。

流过二极管的峰值电流为

$$I_{D_{max}} = I_{o_{max}} + \Delta I \tag{7-13}$$

流过二极管的最大平均电流取峰值电流的一半，又因为采用双变压器输出，故流过二极管的平均电流为110A，选取IXYS公司的DSEC240-06A。

7.2.6 低通LC滤波

（1）滤波电感的设计

设计滤波电感时应根据输出电压、输出电流和开关频率，选定允许的电感电流最大纹波值，然后按如下公式计算：

$$L = \frac{nU_{in_{max}}}{8f_s \Delta I} \tag{7-14}$$

式中，输入电压最大值$U_{in_{max}}$取707V，开关频率f_s取20kHz，纹波电流ΔI取最大输出电流的20%，即40A，可以求出滤波电感值为11μF。

（2）滤波电容的设计

滤波电容可根据输出电压纹波确定。设输出电压最大纹波有效值ΔU为输出电压的1%，即0.3V，则滤波电容值为

$$C \geqslant \frac{U_o}{16Lf_s \Delta U}\left(1 - \frac{U_o}{\dfrac{U_{dc}}{n} - U_L - U_{DR}}\right) \tag{7-15}$$

式中，U_L 为滤波电感两端电压，U_{DR} 为整流二极管通态压降。设计中选取两个 $500\mu F$ 的薄膜电容并联，作为输出滤波电容。

7.2.7　H2 桥开关管

直流输入电压峰值为

$$U_{o_{max}} = 35V \tag{7-16}$$

考虑到海水寄生电感对开关过程的影响，IGBT 的耐压值取 $600V$。流过 IGBT 的峰值电流为

$$I_{s_{max}} = I_{o_{max}} + \frac{1}{2}\Delta I \tag{7-17}$$

式中，ΔI 为电感电流最大纹波峰峰值，选取最大输出电流的 20%。流过 IGBT 的最大平均电流约为峰值电流的一半，可以求出其值为 $110A$，选用 Infineon 公司的 FF400R06KE3。

RCD 吸收电路和控制器参数设计见第 2 章分析。

7.3　控制电路设计

控制电路主要包括 DSP 芯片、数据采集电路、驱动电路和通信端口。下面主要对控制器的设计和数据采集电路设计进行分析。

7.3.1　控制器

控制芯片采用 TI 公司生产的 DSP TMS320LF2812 数字信号处理器，它是一款 32 位定点 DSP 芯片，采用哈佛总线结构，工作时钟频率 150MHz，指令周期可达 6.67ns 以内，运算速度快，功耗低（核心电压 1.8V，I/O 口电压 3.3V）。主要包括 3 个 32bit 的 CPU 定时器、串行通信接口（SCI）、串行外围接口（SPI）、16 通道 12bit ADC、两个增强的事件管理器模块，事件管理器模块含有比较单元、通用定时器（GP）、正交编码脉冲电路以及捕获单元。为了实现两个逆变桥的控制以及与上位机的通信，采用两片 DSP 芯片，一片负责控制 DC/DC 可控源电路，另一片负责发射桥控制和与上位机通信，两片 DSP 之间采用 SPI

通信，主控板如图 7-2 所示。

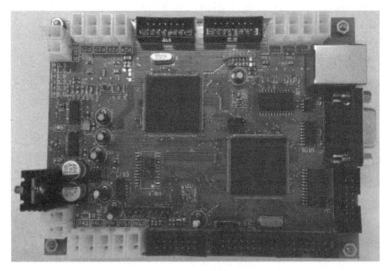

图 7-2　主控板实物图

7.3.2　数据采集电路计

数据采集用 AD7606，它是一款高性能 ADC 芯片，通过片内电源调节器供电，在高噪声电源条件下可以实现 16 位无失码转换。AD7606 具有多通道数据采集功能，采用＋5V 单电源供电，模拟信号的输入分别支持 ±10V 和 ±5V 两种范围，各 ADC 通道均集成输入缓冲器、二阶抗混叠滤波器和 ±16.5V 模拟输入箝位保护电路。常规的信号采集系统是通过传感器采集到对应的模拟信号，经过信号调理电路，接入 ADC 模块进行模数转换，得到的数字信号由 DSP 进行处理，电路复杂，容易出现故障。由于 AD7606 的模拟输入范围宽，传感器的输出信号可以直接与 AD7606 连接。AD7606 可以和 DSP 直接连接。高集成度使得每个 AD7606 只需去耦电容就能工作，可节省相当多的 PCB 面积和相关制造成本。

（1）电压/电流输入电路

设计电路时在模拟信号输入端并联取样电阻 R_1 和 R_2，使数据采集系统具有通用性，如图 7-3 所示。

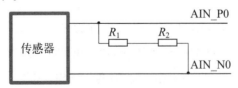

图 7-3　电流/电压输入信号可选电路

图 7-3 中使用的取样电阻为精密电阻，当采集的模拟信号是电流时，将输入的电流信号转换为电压信号。取样电阻的阻值为：

$$R = \frac{V_i}{I_i} \qquad (7\text{-}18)$$

式中，V_i 为转换后电压信号，可取 $\pm 10V$ 和 $\pm 5V$ 两种，I_i 为采集的电流信号，范围为 $4\sim 20\text{mA}$。当采集的模拟信号是电压时。

（2）温度检测电路

由于海洋电磁发射机在一个密闭仓体内，电路工作时产生的热量一部分通过筒壁传导到海水，另外一部分在仓体内形成热循环，所以对电路中关键元器件的温度检测非常重要。采用 PT100＋温度变送器的方式实现对各点温度的检测，如图 7-4 所示。经过温度变送器输出 $4\sim 20\text{mA}$ 的直流电信号。

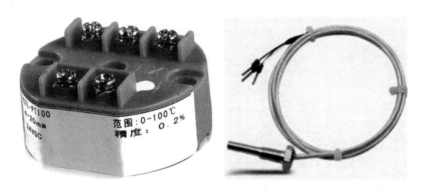

图 7-4　温度变送器

（3）输入滤波电路

输入的差分信号经 INA2134 转换成单端信号，然后从 AIN0 输出，如图 7-5 所示。INA2134 的差分线路由高性能运算放大器组成，具有良好的动态响应。± 15 电源经去耦电容给 INA2134 供电，这些电容要充分靠近芯片引脚。连接到输入源的阻抗必须相等，以保证良好的共模抑制。

（4）AD7606 硬件电路

AD7606 的外围电路及接线图如图 7-6 所示。

从 INA2134 输出的单极性模拟信号接入 AD7606 的 V1～V8 引脚。转换输出的数字信号 DB0～DB15 接到 F2812 的数据口，nCS 引脚接到 F2812 的外部接口引脚 XZCS1，CONVST A、CONVST B 引脚接到 F2812 的普通 IO 端口 GPIO7，nRD/SCLK 引脚接到 F2812 的读选通信号 XRD 引脚，BUSY 引脚接到 F2812 的外部中断引脚，V＿DRIVE 引脚接到 DSP 供电电源上，使两者的接口

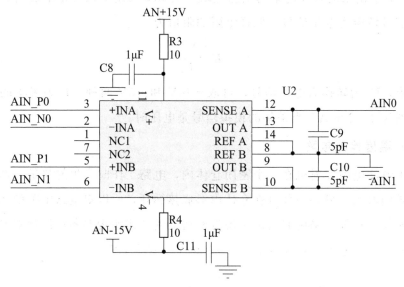

图 7-5 输入滤波电路

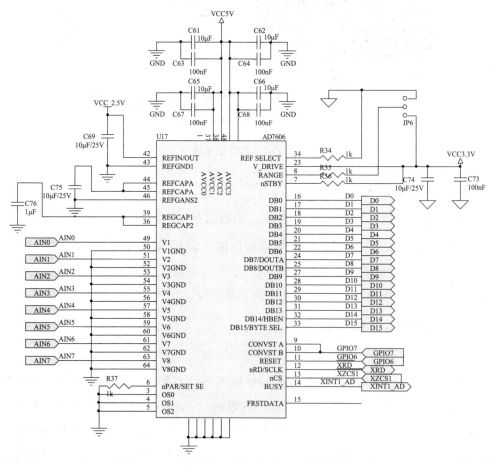

图 7-6 AD7606 的外围电路及接线图

海洋电磁发射机可控源电路及其控制

电平兼容。+5V 电源经过 100nF 和 10μF 去耦电容连接到 AD7606 的 4 个 VCC 电源引脚。

（5）外部基准电压源

AD7606 内置一个 2.5V 片内带隙基准电压源，对于高精度的多通道数据采集系统，可选用外部基准电压源 ADR421，电路如图 7-7 所示。ADR421 具有低噪声、低漂移、高精度等特点。当选择外部基准电压源时，AD7606 的 REFIN/OUT 引脚接一个不少于 100nF 的去耦电容，同时 REF SELECT 引脚接逻辑低电平。

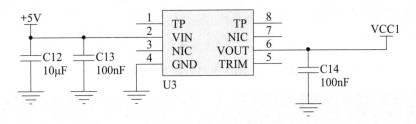

图 7-7　外部基准电压源 ADR421

7.4　热损耗仿真

海洋电磁发射机工作时的热损耗大小不仅直接反映发射机效率的高低，而且影响电路元器件的寿命和安全工作时间。借助热仿真技术可以减少设计成本，提高设备研发的一次成功率，缩短高性能电子设备的研制周期。本文采用目前电子设备专用热分析软件 ICEPAK[154,155] 对海洋电磁发射机进行了热损耗仿真，大大提高了设计方案的可靠性以及设计的效率，相应增强了设计方案评估的准确性。

为了模拟海洋实际情况，课题组设计出一种独特的模拟海洋实际环境的散热器，如图 7-8 所示，散热器与海洋发射机紧密贴合，其内部采用多通道水冷散热，可以加快海洋发射机的散热速度，更好地模拟海洋的实际情况。

图 7-9 为海洋发射机热仿真效果图。在发射电流为 200A 时，海洋发射机在输出端产生的热量最高，其内部最高温度为 83℃。采用热成像仪对 H1 桥和 H2 桥 IGBT 模块的温度进行测试，温度分布图如图 7-10 所示，最高温度分别是 45° 和 68°，远低于 IGBT 手册中规定的最高温度。图 7-11 给出了电路中关键点的仿真和实测温度对比图，可以看出，仿真的温度偏高，但总体误差不大，说明热损耗仿真很好地预测了实际电路的损耗。

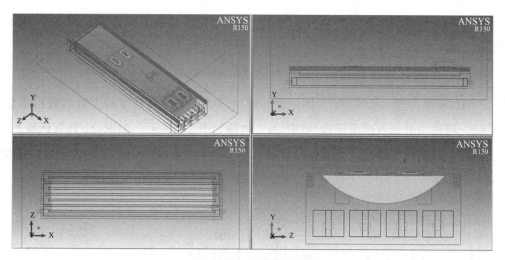

图 7-8　海洋发射机散热器结构

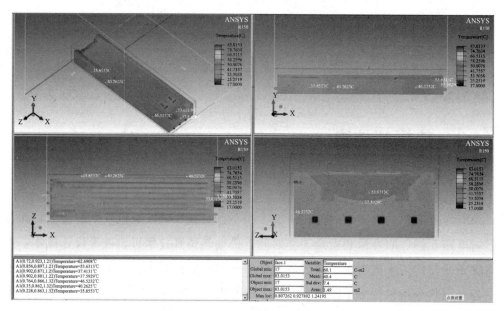

图 7-9　海洋发射机热仿真效果图

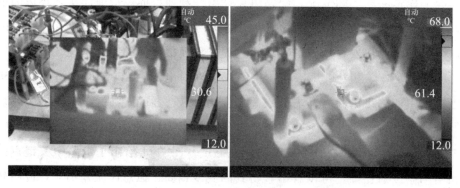

图 7-10　采用热成像仪测试温度分布图

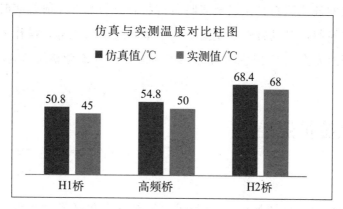

图 7-11　关键点的仿真和实测温度对比图

7.5　发射机运行程序

发射机运行程序框图如图 7-12 所示。船载发电机启动后，上位机各个模块开始初始化，然后在甲板上进行 GPS 对时及系统同步，在仪器投放至近海底且状态测试正常的情况下，上位机开始按照通信协议监控发射机的运行。拖体投放入水后，操作人员通过监控单元和深拖缆对其进行实时监测和控制。上位机监控软件

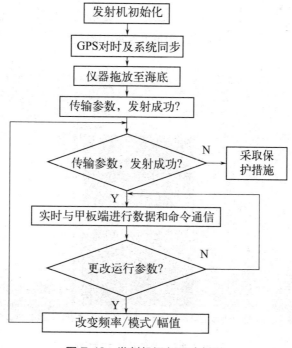

图 7-12　发射机运行程序框图

可显示发射机的各种控制操作以及实时运行状态，与水下发射机实时进行数据和命令的交互，控制发射机启停，改变发射频率和发射模式等。操作人员可根据海试作业要求更改发射机工作模式，根据发射机的工作状态调整船的航行方位。

7.6 上位机监控

上位机界面功能框图如图 7-13 所示。控制命令包括发射频点信息、发射电流指令和启动/停止命令。监视参数包括发射电压电流波形、温度检测、故障报警、拖体距海底高度以及俯仰、横摇和方位。在发射机入水之前，对发射机同步单元进行 GPS 授时，保证在整个发射期间与接收机保持同步。发射机运行后，也可对发射频点和电流进行更改。图 7-14 所示为上位机监控界面。

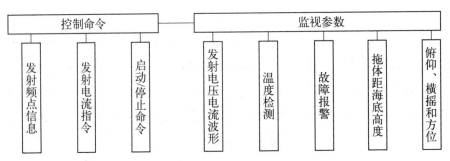

图 7-13 上位机界面功能框图

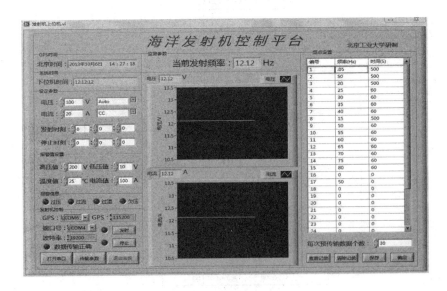

图 7-14 上位机监控界面

7.7 试验结果

图 7-15 所示为水下拖体内发射机电路实物图。船上供电电路主要是把柴油发电机发出的三相交流电变成单相交流电，为水下发射机提供初始电能。水下拖体安装在直径 23cm、长度 780cm 的圆筒形密闭仓内，外部与拖缆和发射电极连接。

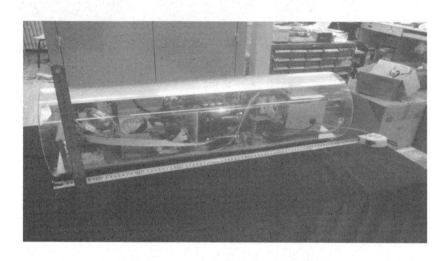

图 7-15　水下拖体内发射机电路实物图

图 7-16、图 7-17 和图 7-18 分别给出了湖水试验现场和海水试验现场照片。

图 7-16　湖水试验现场

图 7-17 海水试验现场（1）

图 7-18 海水试验现场（2）

　　根据海洋电磁发射机发射电磁波的频率范围，图 7-19 给出了不同频率下的电磁发射机输出波形。从图中可以看出，随着发射频率的提高，发射电极和海水寄生电感对电路的影响越来越明显，发射电流上升沿变缓，电压出现冲击。可以看出，通过建立 DC/DC 可控源电路精确数学模型，采用双闭环控制系统，海洋电磁发射机输出电流的瞬态性具有非常明显的改善效果。

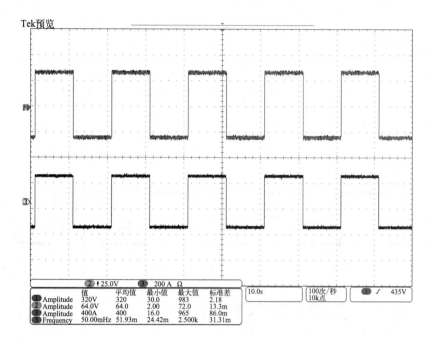

(a) 0.05Hz发射波形

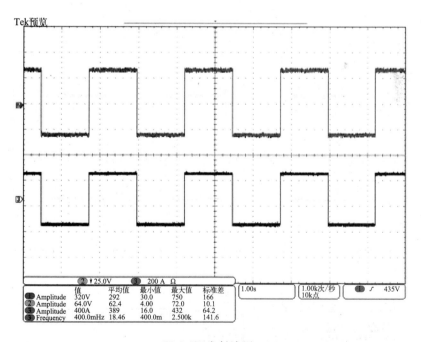

(b) 0.4Hz发射波形

图 7-19

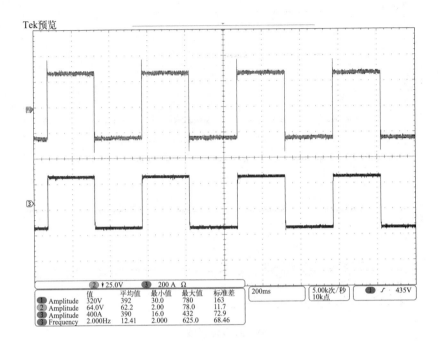

(c) 2Hz发射波形

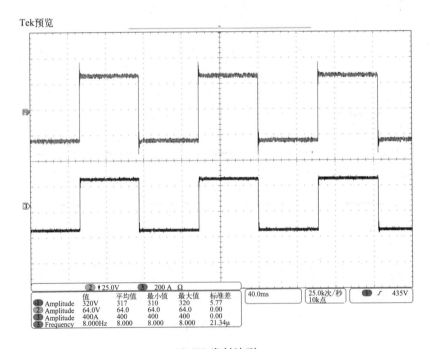

(d) 8Hz发射波形

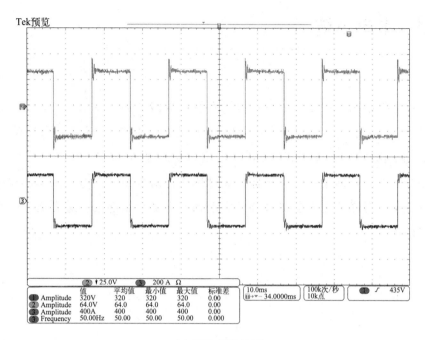

(e) 50Hz发射波形

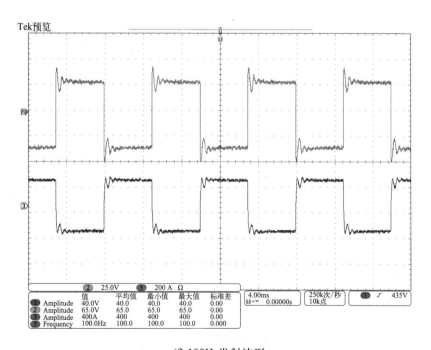

(f) 100Hz发射波形

图 7-19　不同频率下电磁发射机输出波形

7.8 本章小结

　　本章首先给出了所设计的海洋电磁发射机电路结构和技术要求，然后对电路中的工频整流桥、输入滤波电容、H1 桥开关管、高频变压器、高频整流二极管、LC 低通滤波器、H2 桥开关管等给出了选取的原则和具体型号、参数。热损耗是海洋发射机的关键性能指标，通过热损耗仿真预测了电路工作的损耗。最后对所研制的海洋电磁发射机进行了湖水和海水试验，都很好地完成了海洋勘探的预定任务。

参 考 文 献

[1] 何继善，鲍力知. 海洋电磁法研究的现状和进展 [J]. 地球物理学进展，1999（01）：7-39.

[2] Leenhardt P，Teneva L，Kininmonth S，et al. Challenges，insights and perspectives associated with using social-ecological science for marine conservation [J]. Ocean and Coastal Management，2015，115：49-60.

[3] 刘光鼎，陈洁. 坚持科学发展观建设中国海 [J]. 地球物理学进展，2007（03）：661-666.

[4] Battista T，Obrien K. Spatially Prioritizing Seafloor Mapping for Coastal and Marine Planning [J]. Coastal Management，2015，43（1）：35-51.

[5] 程娜. 可持续发展视阈下中国海洋经济发展研究 [D]. 吉林大学，2013.

[6] 刘兰，徐质斌. 关于中国海洋安全的理论探讨 [J]. 太平洋学报，2011（02）：93-100.

[7] 张韶天. "海洋863" 15年 [J]. 商周刊，2010（10）：68-69.

[8] 保育均，周天勇，夏徐迁. 我国石油能源安全的思考和建议——一份从另一个视角研究我国石油能源安全的报告 [J]. 经济研究参考，2007（03）：2-31.

[9] 刘长胜. 海底可控源电磁探测数值模拟与实验研究 [D]. 吉林大学，2009.

[10] Constable S C，Orange A S，Hoversten G M，et al. Marine magnetotellurics for petroleum exploration，Part Ⅰ：A sea-floor equipment system [J]. Geophysics，1998，63（3）：816-825.

[11] Hoversten G M，Morrison H F，Constable S C. Marine magnetotellurics for petroleum exploration. Part Ⅱ：Numerical analysis of subsalt resolution [J]. Geophysics，1998，63（3）：826-840.

[12] Sumanovac F. Magnetotelluric method in the exploration of deeper aquifers [C]. Paris，France：European Association of Geoscientists and Engineers，EAGE，2012.

[13] Wang J，Pan Z，Sun S，et al. Apparent effective thickness prevision through spontaneous potential method and its application in oil development [J]. Diqiu Kexue-Zhongguo Dizhi Daxue Xuebao/Earth Science-Journal of China University of Geosciences，2007，32（4）：461-468.

[14] Mittet R，Morten J P. The marine controlled-source electromagnetic method in shallow water [J]. Geophysics，2013，78（2）：E67-E77.

[15] Heenan J，Porter A，Ntarlagiannis D，et al. Sensitivity of the spectral induced polarization method to microbial enhanced oil recovery processes [J]. Geophysics，2013，78（5）：E261-E269.

[16] Jiang Z，Yue J，Liu S. Prediction Technology of Buried Water-Bearing Structures in Coal Mines Using Transient Electromagnetic Method [J]. Journal of China University of Mining and Technology，2007，17（2）：164-167.

[17] Furuya G，Katayama T，Suemine A，et al. Application of the newly frequency domain electromagnetic method survey in a landslide area [C]. Rome，Italy：Springer-Verlag Berlin Heidelberg，2013.

[18] 袁桂琴，熊盛青，孟庆敏，等. 地球物理勘查技术与应用研究 [J]. 地质学报，2011（11）：1744-1805.

[19] 陶维祥，丁放，何仕斌，等. 国外深水油气勘探述评及中国深水油气勘探前景 [J]. 地质科技情报，2006（06）：59-66.

[20] 吴志强，闫桂京，童思友，等. 海洋地震采集技术新进展及对我国海洋油气地震勘探的启示 [J]. 地球物理学进展，2013（06）：3056-3065.

[21] 李家彪. 南海大陆边缘动力学：科学实验与研究进展 [J]. 地球物理学报，2011（12）：2993-3003.

[22] 傅命佐，刘乐军，郑彦鹏，等. 琉球 "沟-弧-盆系" 构造地貌：地质地球物理探测与制图 [J]. 科学通

报，2004（14）：1447-1460.

[23] 王秀英. 中日东海大陆架划界争议的海洋法解读 [J]. 中国海洋大学学报（社会科学版），2007（06）：10-15.

[24] Wang M，Zhang H，Wu Z，et al. Marine Marine Controlled Source Electromagnetic launch system for natural gas hydrate resource exploration [J]. Chinese Journal of Geophysics（Acta Geophysica Sinica），2013，56（11）：3708-3717.

[25] Gribenko A，Zhdanov M. Rigorous 3D inversion of marine CSEM data based on the integral equation method [J]. Geophysics，2007，72（2）：WA73-WA84.

[26] Kang S，Noh K，Seol S J，et al. MCSEM inversion for COinf2/inf sequestration monitoring at a deep brine aquifer in a shallow sea [J]. Exploration Geophysics，2015，46（3）：236-252.

[27] Price A，Turpin P，Erbetta M，et al. Marine controlled source electromagnetics（mCSEM）3D test over a known target [C]. Rome，Italy：Society of Petroleum Engineers，2008.

[28] 盛堰，邓明，魏文博，等. 海洋电磁探测技术发展现状及探测天然气水合物的可行性 [J]. 工程地球物理学报，2012（02）：127-133.

[29] Waldmann C，Diepenbroek M，Thomsen L，et al. The German contribution to ESONET-Integrating activities for setting up an interoperable ocean observation system in Europe [C]. Aberdeen，Scotland，United kingdom：Inst. of Elec. and Elec. Eng. Computer Society，2007.

[30] 张灿影，冯志纲，吴钧. 斯克里普斯海洋研究所概况 [J]. 海洋信息，2015（01）：16-20.

[31] 沈金松，陈小宏. 海洋油气勘探中可控源电磁探测法（CSEM）的发展与启示 [J]. 石油地球物理勘探，2009（01）：119-127.

[32] 王猛，张汉泉，伍忠良，等. 勘查天然气水合物资源的海洋可控源电磁发射系统 [J]. 地球物理学报，2013（11）：3708-3717.

[33] 白云程，周晓惠，万群，等. 世界深水油气勘探现状及面临的挑战 [J]. 特种油气藏，2008（02）：7-10.

[34] 高平，莫杰，孙春岩，等. 我国海洋探查高新技术的跨越式发展 [J]. 国土资源科技管理，2002（01）：1-7.

[35] 朱光文. 我国海洋探测技术五十年发展的回顾与展望（一）[J]. 海洋技术，1999（02）：2-17.

[36] Constable S，Srnka L J. An introduction to marine controlled-source electromagnetic methods for hydrocarbon exploration [J]. Geophysics，2007，72（2）：WA3-WA12.

[37] Jeong S，Song S. Improvement of predictive current control performance using online parameter estimation in phase controlled rectifier [J]. IEEE Transactions on Power Electronics，2007，22（5）：1820-1825.

[38] Nasir U，Han M，Abbas F，et al. Effects of open and closed loop system of a six-pulse three phase controlled rectifier on variation in load，firing angle and source inductances [C]. Antalya，Turkey：Institute of Electrical and Electronics Engineers Inc.，2014.

[39] Kim Y C，Lim Y，Jin L，et al. Direct digital control of PWM converter using closed-loop identification [C]. Seoul，Korea，Republic of：Institute of Electrical and Electronics Engineers Inc.，2009.

[40] Qu L，Zhang B. Research of PWM converter control method in electric vehicle [C]. Harbin，China：Inst. of Elec. and Elec. Eng. Computer Society，2008.

[41] Kim Y C，Jin L，Lee J，et al. Direct digital control of single-phase AC/DC PWM converter system [J].

海洋电磁发射机可控源电路及其控制

Journal of Power Electronics，2010，10（5）：518-527.

［42］ Packnezhad M，Farzanehfard H. A fully soft-switched ZVZCS Full-Bridge PWM converter［C］. Kuala Lumpur，Malaysia：IEEE Computer Society，2009.

［43］ Wong S C，Brown A D，Zwolinski M. Simulation of losses in resonant converter circuits［J］. International Journal of Electronics，1999，86（6）：763-783.

［44］ Vijayavelan V，Reddy B R，Jaikumar V. Soft switching commutation circuit for PWM DC-DC converters［C］. Tamil Nadu，India：Institution of Engineering and Technology，2007.

［45］ Sainz L，Caro M，Caro E. Analytical study of the series resonance in power systems with the steinmetz circuit［J］. IEEE Transactions on Power Delivery，2009，24（4）：2090-2098.

［46］ Li J. Closed-form solutions for the steady-state analysis of the lossy parallel resonant converter［J］. Journal of the Chinese Institute of Engineers，Transactions of the Chinese Institute of Engineers，Series A/Chung-kuo Kung Ch'eng Hsuch K'an，1996，19（2）：231-238.

［47］ Dede E J，Jordan J，Esteve V，et al. Series and parallel resonant inverters for induction heating under short-circuit conditions considering parasitic components［C］. Kowloon，Hong Kong：IEEE，1999.

［48］ 葛磊. 谐振变换及数字化控制技术在加速器中的应用［D］. 中国科学技术大学，2014.

［49］ 余飞. 高压大功率电磁发射机供电关键技术的研究［D］. 北京工业大学，2013.

［50］ Chen X，Zhou Y，Chen J，et al. Study on complex behavior in Phase-Shifting Full-Bridge ZVS Converter［C］. Singapore：Institute of Electrical and Electronics Engineers Inc.，2006.

［51］ Lin B R，Chen J J，Huang C L，et al. Analysis of integrated buck-flyback ZVS converter［C］. Singapore，Singapore：Inst. of Elec. and Elec. Eng. Computer Society，2008.

［52］ Mousavi A，Moschopoulos G. A new ZCS-PWM full-bridge DC-DC converter with simple auxiliary circuits［J］. IEEE Transactions on Power Electronics，2014，29（3）：1321-1330.

［53］ Zhang X，Chung H S，Ruan X，et al. A ZCS full-bridge converter without voltage overstress on the switches［J］. IEEE Transactions on Power Electronics，2010，25（3）：689-698.

［54］ Nigam S，Baul P，Sharma S K，et al. Soft switched low stress high efficient ZVT PWM DC-DC converter for renewable energy applications［C］. Nagercoil，India：IEEE Computer Society，2013.

［55］ Viswanathan G K，Palackal R M S，Gunda K，et al. Analysis，design and a comparative study of ZVS-ZVT buck topologies for battery charger application［C］. Chennai，India：Institute of Electrical and Electronics Engineers Inc.，2014.

［56］ Sarshar A，Iravani M R，Li J. Calculation of HVDC converter noncharacteristic harmonics using digital time-domain simulation method［J］. IEEE Transactions on Power Delivery，1996，11（1）：335-343.

［57］ Chen Z. Analytical method for estimating GTO switching losses in a soft switching DC-DC converter［J］. 1994，1：398-401.

［58］ Wang L，Zhou Y，Chen J. Study on the dynamical model and analytical method for DC-DC switching converter［C］. Shanghai，China：Institute of Electrical and Electronics Engineers Inc.，2007.

［59］ Kim Y C，Jin L，Lee J，et al. Direct digital control of single-phase AC/DC PWM converter system［J］. Journal of Power Electronics，2010，10（5）：518-527.

［60］ Jahangiri A，Radan A. A simplified and fast DSP-CPLD-based implementation method of space vector modulation applied in indirect matrix converters［J］. EPE Journal（European Power Electronics and Drives

Journal），2013，23（3）：22-29.

［61］ Buiatti G M，Amaral A M R，Cardoso A J M. An unified method for estimating the parameters of non-isolated DC/DC converters using continuous time models ［C］. Rome，Italy：Institute of Electrical and Electronics Engineers Inc.，2007.

［62］ Kavitha A，Uma G. Analysis of Hopf bifurcation in DC-DC Luo converter using continuous time model ［C］. Bangkok，Thailand：Institute of Electrical and Electronics Engineers Inc.，2007.

［63］ Chander S，Agarwal P，Gupta I. Auto-tuned，discrete PID controller for DC-DC converter for fast transient response ［C］. New Delhi，India：IEEE Computer Society，2011.

［64］ Flieller D，Oukaour A，Louis J，et al. Two control-parameter synthesis approaches：small signal discrete modelling and optimization using sensitivity functions. Application to a variable frequency DC-DC converter ［C］. Bologna，Italy：IEEE，1994.

［65］ Sreekumar C，Agarwal V. A hybrid control algorithm for voltage regulation in DC-DC boost converter ［J］. IEEE Transactions on Industrial Electronics，2008，55（6）：2530-2538.

［66］ 闻超. 基于超级电容的双向直流变换器的研究 ［D］. 北京交通大学，2011.

［67］ Middlebrook R D. SMALL-SIGNAL MODELING OF PULSE-WIDTH MODULATED SWITCHED-MODE POWER CONVERTERS. ［J］. Proceedings of the IEEE，1987，76（4）.

［68］ Tsai F. Small-signal and transient analysis of a zero-voltage-switched，phase-controlled PWM converter using Averaged switch model ［J］. IEEE Transactions on Industry Applications，1993，29（3）：493-499.

［69］ Yan Y，Lee F C，Mattavelli P. Unified three-terminal switch model for current mode controls ［J］. IEEE Transactions on Power Electronics，2012，27（9）：4060-4070.

［70］ 许建平. 开关变换器的工作原理、建模、分析和仿真 ［D］. 成都电子科技大学，1998.

［71］ Cuk S，Middlebrook R D. A general unified approach to modelling switching DC _ DC converters in discontinuous conduction mode ［J］. IEEE PESC Rec，1977：36-57.

［72］ 陈亚爱，张卫平，周京华，等. 开关变换器控制技术综述 ［J］. 电气应用，2008（04）：4-10.

［73］ 周国华，许建平. 开关变换器调制与控制技术综述 ［J］. 中国电机工程学报，2014（06）：815-831.

［74］ Jung Y，Lee J，Youn M. New small signal modeling of average current mode control ［C］. Fukuoka，Jpn：IEEE，1998.

［75］ Deisch C W. SIMPLE SWITCHING CONTROL METHOD CHANGES POWER CONVERTER INTO A CURRENT SOURCE. ［J］. PESC Record-IEEE Annual Power Electronics Specialists Conference，1978：300-306.

［76］ 杨旭，王兆安. 一种新的准固定频率滞环 PWM 电流控制方法 ［J］. 电工技术学报，2003（03）：24-28.

［77］ Park S，Park S，Bazzi A M. Input impedance and current feedforward control of single-phase boost PFC converters ［J］. Journal of Power Electronics，2015，15（3）：577-586.

［78］ Tang W，Lee F C，Ridley R B，et al. Charge control：Modeling，analysis，and design ［J］. IEEE Transactions on Power Electronics，1993，8（4）：396-403.

［79］ Tang W，Leu C，Lee F C. Charge control for zero-voltage-switching multiresonant converter ［J］. IEEE Transactions on Power Electronics，1996，11（2）：270-274.

［80］ Smedley K M，Cuk S. One-cycle control of switching converters ［J］. IEEE Transactions on Power Electronics，1995，10（6）：625-633.

[81] Fang C C. Sampled-data modeling and analysis of one-cycle control and charge control [J]. IEEE Transactions on Power Electronics，2001，16（3）：345-350.

[82] 周宇飞. DC-DC 开关变换器的滑模变结构控制方法及混沌状态研究 [D]. 华南理工大学，2001.

[83] 姜桂宾，裴云庆，刘海涛，等. 12V/5000A 大功率软开关电源的设计 [J]. 电工电能新技术，2003 （01）：56-60.

[84] 许佳. 基于 DSP 数字控制双向全桥 DC/DC 变换器的研制 [D]. 西安理工大学，2010.

[85] Di Capua G，Shirsavar S A，Hallworth M A，et al. An enhanced model for small-signal analysis of the phase-shifted full-bridge converter [J]. IEEE Transactions on Power Electronics，2014，30（3）：1567-1576.

[86] Loh C K R M，Macpherson D E，Fisher F. Phase shifted full bridge converter for high voltage applications [C]. Swansea，United kingdom：Technological Educational Institute，2001.

[87] Michael O. Simplified phase-shifted full-bridge converter design [J]. Power Electronics Technology，2011，37（8）.

[88] Schutten M J，Torrey D A. Improved small-signal analysis for the phase-shifted PWM power converter [J]. IEEE Transactions on Power Electronics，2003，18（2）：659-669.

[89] 罗守宾，王春芳，李强. 半桥型电路小信号模型及双闭环控制系统设计 [J]. 科技信息（学术研究），2007（05）：21-25.

[90] Vlatkovic V，Sabate J A，Ridley R B，et al. Small-signal analysis of the phase-shifted PWM converter [J]. IEEE Transactions on Power Electronics，1992，7（1）：128-135.

[91] 何俊，彭力，康勇. PWM 逆变器 PI 双环模拟控制技术研究 [J]. 通信电源技术，2007（03）：1-3.

[92] 李强，王春芳，罗守宾. 半桥电路的双闭环控制系统设计与建模 [J]. 船电技术，2007（02）：82-85.

[93] 刘申月，王书强，王立伟，等. DC/DC 变换器输出整流桥寄生振荡机理分析与抑制 [J]. 电力电子技术，2009（10）：83-85.

[94] 欧阳长莲. DC-DC 开关变换器的建模分析与研究 [D]. 南京航空航天大学，2005.

[95] 朱栋. 数字式 ZVS 移相全桥电动汽车充电器 [D]. 天津大学，2012.

[96] Xu M，Ren Y，Zhou J，et al. 1-MHz self-driven ZVS full-bridge converter for 48-V power pod and dc/dc brick [J]. IEEE Transactions on Power Electronics，2005，20（5）：997-1006.

[97] Lin S，Chen C. Analysis and design for RCD clamped snubber used in output rectifier of phase-shift full-bridge ZVS converters [J]. IEEE Transactions on Industrial Electronics，1998，45（2）：358-359.

[98] Sabate J A，Vlatkovic V，Ridley R B，et al. Design considerations for high-voltage high-power full-bridge zero-voltage-switched PWM converter [J]. Conference Procedings-IEEE Applied Power Electronics Conference and Exhibition-APEC. 1990：275-284.

[99] 严仰光，阮新波. 移相控制恒频零电压开关变换器的发展及现状 [J]. 电力电子技术，1996（01）：85-90.

[100] 杨旭，赵志伟，王兆安. 移相全桥型零电压软开关电路谐振过程的研究 [J]. 电力电子技术，1998 （03）：36-39.

[101] Jangwanitlert A. Evaluation of an improved zero-voltage and zero-current switching PWM full-bridge dc-dc converter. [D]. University of Arkansas.，2004.

[102] Hua G，Lee F C，Jovanovic M M. An improved zero-voltage-switched PWM converter using a saturable inductor [C]. Boston，MA，USA：Publ by IEEE，1991.

[103] Barbi I, Martins D C, Do Prado R N. Effects of nonlinear resonant inductor on the behavior of zero-voltage switching quasi-resonant converters [C]. San Antonio, TX, USA: Publ by IEEE, 1990.

[104] 杜春水, 张承慧, 陈阿莲, 等. 光伏高效软开关 DC-DC 变换器的数字化控制与实现 [J]. 电工技术学报, 2011 (08): 57-63.

[105] Dudrik J, Panik P, Trip N. Zero-voltage and zero-current switching full-bridge DC-DC converter with auxiliary transformer [J]. IEEE Transactions on Power Electronics, 2006, 21 (5): 1328-1335.

[106] Baek J W, Jung C Y, Cho J G, et al. Novel zero-voltage and zero-current-switching (ZVZCS) full bridge PWM converter with low output current ripple [C]. Melbourne, Aust: IEEE, 1997.

[107] Baek J W, Cho J G, Yoo D W, et al. Improved zero voltage and zero current switching full bridge PWM converter with secondary active clamp [C]. Fukuoka, Jpn: IEEE, 1998.

[108] Chen W, Ruan X, Chen Q, et al. Zero-voltage-switching PWM full-bridge converter employing auxiliary transformer to reset the clamping diode current [J]. IEEE Transactions on Power Electronics, 2010, 25 (5): 1149-1162.

[109] Cho J, Sabate J A, Hua G, et al. Zero-voltage and zero-current-switching full bridge PWM converter for high-power applications [J]. IEEE Transactions on Power Electronics, 1996, 11 (4): 622-628.

[110] Jangwanitlert A, Olejniczak K J, Balda J C. An Improved Zero-Voltage and Zero-Current-Switching PWM Full-Bridge DC-DC Converter [C]. Roanoke, VA, United states: Institute of Electrical and Electronics Engineers Computer Society, 2003.

[111] 刘平. 高频软开关技术研究与应用 [D]. 中国工程物理研究院, 2013.

[112] 孙强, 方波, 张维娜. 移相全桥 PWM 开关电源控制器设计与仿真研究 [J]. 西安理工大学学报, 2006 (03): 257-261.

[113] Jain P, Valerio J, Jain P. Review of single phase power factor correction circuits for telecommunication applications [C]. Vancouver, BC, Can: IEEE, 1994.

[114] Oruganti R, Srinivasan R. Single phase power factor correction-a review [J]. Sadhana-Academy Proceedings in Engineering Sciences, 1997, 22 (pt 6): 753-780.

[115] Bing Z, Chen M, Miller S K T, et al. Recent developments in single-phase power factor correction [C]. Nagoya, Japan: Inst. of Elec. and Elec. Eng. Computer Society, 2007.

[116] Kanaan H Y, Al-Haddad K. A unified approach for the analysis of single-phase Power Factor Correction converters [C]. Melbourne, VIC, Australia: IEEE Computer Society, 2011.

[117] Lin B, Lu H, Hou Y. Single-phase power factor correction circuit with three-level boost converter [C]. Bled, Slovenia: IEEE, 1999.

[118] Yousefzadeh V, Alarcon E, Maksimovic D. Three-level buck converter for envelope tracking applications [J]. IEEE Transactions on Power Electronics, 2006, 21 (2): 549-552.

[119] Correa J, Arau J. 500 watts three-level boost converter for power factor correction [C]. Iraklio, Greece: Technological Educational Institute, 1996.

[120] Fukuda K, Koizumi H. Three-level buck-boost dc-dc converter with voltage-lift-type switched-inductor [C]. Vienna, Austria: IEEE Computer Society, 2013.

[121] Oppenheimer M, Husain I, Elbuluk M, et al. Sliding mode control of the cuk converter [C]. Maggiore, Italy: IEEE, 1996.

[122] Kolar J W, Sree H, Drofenik U, et al. Novel three-phase three-switch three-level high power factor SEP⁻IC-type AC-to-DC converter [C]. Atlanta, GA, USA: 1997.

[123] Li L, Zhong Q. Novel zeta-mode three-level AC direct converter [J]. IEEE Transactions on Industrial E-lectronics, 2012, 59 (2): 897-903.

[124] Liang X, Wei J, Ruan X. Novel interleaved three-level forward converter [J]. Zhongguo Dianji Gongcheng Xuebao/Proceedings of the Chinese Society of Electrical Engineering, 2004, 24 (11): 139-143.

[125] Dusmez S, Li X, Akin B. A single-stage three-level isolated PFC converter [C]. Institute of Electrical and Electronics Engineers Inc., 2014.

[126] Yao Z, Hu G, Kan J. Improved push-pull forward three-level converter [C]. Shanghai, China: IEEE Computer Society, 2012.

[127] Pinheiro J R, Barbi I. Wide load range three-level ZVS-PWM DC-to-DC converter [C]. Seattle, WA, USA: Publ by IEEE, 1993.

[128] Pinheiro J R, Barbi I. Improved TL-ZVS-PWM DC-DC converter [C]. Dallas, TX, USA: IEEE, 1995.

[129] Pinheiro J R, Barbi I. Three-level ZVS-PWM DC-to-DC converter [J]. IEEE Transactions on Power E-lectronics, 1993, 8 (4): 486-492.

[130] Song B, Mcdowell R, Bushnell A, et al. A three-level dc-dc converter with wide-input voltage operations for ship-electric-power-distribution systems [J]. IEEE Transactions on Plasma Science, 2004, 32 (5 I): 1856-1863.

[131] 陈志英, 阮新波. 零电压开关 PWM 复合式全桥三电平变换器 [J]. 中国电机工程学报, 2004 (05): 28-33.

[132] Songboonkaew J, Jangwanitlert A. Analysis of three-level full-bridge ZVZCS PWM converter with simple auxiliary circuit [C]. Phetchaburi, Thailand: IEEE Computer Society, 2012.

[133] 马运东, 阮新波, 周林泉, 等. 全桥三电平直流变换器的最佳开关方式 [J]. 中国电机工程学报, 2003 (12): 114-119.

[134] 张之梁, 阮新波. 零电压开关 PWM 全桥三电平变换器 [J]. 中国电机工程学报, 2005 (16): 17-22.

[135] 马运东. 直流变换器的三电平拓扑及其控制 [D]. 南京航空航天大学, 2003.

[136] 黄华. 软开关全桥三电平直流变换器的研究 [D]. 华东交通大学, 2009.

[137] Song B, Mcdowell R, Bushnell A, et al. A three-level dc-dc converter with wide-input voltage operations for ship-electric-power-distribution systems [J]. IEEE Transactions on Plasma Science, 2004, 32 (5 I): 1856-1863.

[138] Ayyanar R, Giri R, Mohan N. Active input-voltage and load-current sharing in input-series and output-parallel connected modular dc-dc converters using dynamic input-voltage reference scheme [J]. IEEE Transactions on Power Electronics, 2004, 19 (6): 1462-1473.

[139] Irving B T, Jovanovic M M. Analysis, design, and performance evaluation of droop current-sharing method [C]. New Orleans, LA, USA: IEEE, 2000.

[140] 张军明, 谢小高, 吴新科, 等. DC/DC 模块有源均流技术研究 [J]. 中国电机工程学报, 2005 (19): 31-36.

[141] Shi J, Chen L, He X, et al. A novel combined converter with naturally sharing input-current and high

voltage gain applied in aeronautical power supplies [C]. Seattle，WA，United states：Institute of Electrical and Electronics Engineers Inc. ，2004.

[142] 张容荣，阮新波，陈武. 输入并联输出串联变换器系统的控制策略 [J]. 电工技术学报，2008（08）：86-93.

[143] Lu Q，Yang Z，Lin S，et al. Research on voltage sharing for input-series-output-series phase-shift full-bridge converters with common-duty-ratio [C]. Melbourne，VIC，Australia：IEEE Computer Society，2011.

[144] Giri R，Choudhary V，Ayyanar R，et al. Common-duty-ratio control of input-series connected modular DC-DC converters with active input voltage and load-current sharing [J]. IEEE Transactions on Industry Applications，2006，42（4）：1101-1111.

[145] 刘金云，赵慧杰，张帆，等. 新型的高压输入 DC/DC 小功率变流器 [J]. 电源技术应用，2006（02）：42-45.

[146] Ayyanar R，Giri R，Mohan N. Active input-voltage and load-current sharing in input-series and output-parallel connected modular dc-dc converters using dynamic input-voltage reference scheme [J]. IEEE Transactions on Power Electronics，2004，19（6）：1462-1473.

[147] Bhinge A，Mohan N，Giri R，et al. Series-parallel connection of DC-DC converter modules with active sharing of input voltage and load current [C]. Dallas，TC，United states：Institute of Electrical and Electronics Engineers Inc. ，2002.

[148] Ruan X，Cheng L，Zhang T. Control strategy for input-series output-paralleled converter [C]. Jeju，Korea，Republic of：Institute of Electrical and Electronics Engineers Inc. ，2006.

[149] 程璐璐. 输入串联输出并联组合变换器控制策略的研究 [D]. 南京航空航天大学，2007.

[150] 章涛，阮新波. 输入串联输出并联全桥变换器的均压均流的一种方法 [J]. 中国电机工程学报，2005（24）：47-50.

[151] 杜军. 带饱和电感的移相控制零电压开关全桥变换器的研究 [D]. 重庆大学，2003.

[152] Vorperian V. Simplified analysis of PWM converters using model of PWM switch-I：Continuous conduction mode [J]. IEEE Transactions on Aerospace and Electronic Systems. 1990，26（3）：490-496.

[153] 周健. 高频开关电源的研究与实现 [D]. 南京理工大学，2012.

[154] Wu R，Iannuzzo F，Wang H，et al. Fast and accurate icepak-pspice co-simulation of IGBTs under short-circuit with an advanced PSpice model [C]. Manchester，United kingdom：Institution of Engineering and Technology，2014.

[155] Zdravistch F，Fletcher C A J. Thermal analysis simulation in a computer cabinet using icepak [C]. Singapore，Singapore：Nanyang Technological University，1999.